绿色食品申报指南

食用菌卷

中国绿色食品发展中心　编著

中国农业科学技术出版社

图书在版编目（CIP）数据

绿色食品申报指南. 食用菌卷 / 中国绿色食品发展中心编著. --北京：中国农业科学技术出版社，2023. 11
ISBN 978-7-5116-6511-9

Ⅰ. ①绿…　Ⅱ. ①中…　Ⅲ. ①食用菌－绿色食品－申请－中国－指南　Ⅳ. ①TS2-62

中国国家版本馆CIP数据核字（2023）第215922号

责任编辑　史咏竹
责任校对　王　彦
责任印制　姜义伟　王思文

出 版 者　中国农业科学技术出版社
　　　　　北京市中关村南大街12号　　邮编：100081
电　　话　（010）82105169（编辑室）　（010）82109702（发行部）
　　　　　（010）82109709（读者服务部）
网　　址　https: // castp.caas.cn
经 销 者　各地新华书店
印 刷 者　北京地大彩印有限公司
开　　本　148 mm × 210 mm　1/32
印　　张　8.625
字　　数　220千字
版　　次　2023年11月第1版　　2023年11月第1次印刷
定　　价　58.00元

版权所有 · 侵权必究

《绿色食品申报指南 · 食用菌卷》编著人员

总 主 编 张志华

主　　编 陈　倩　李显军

技术主编 宋　铮　宋春艳　张维谊　徐淑波　王　璋

副 主 编 孙　辉　陈红彬　王雪薇　孙玲玲　王　晶　马　雪

编著人员（按姓氏笔画排序）

马　卓　马　林　马　雪　王　晶　王　璋
王宗英　王雪薇　孔德磊　乔春楠　孙　辉
孙玲玲　李　玉　李　田　李正鹏　李成华
李显军　杨　震　杨忠华　宋　晓　宋　铮
宋春艳　宋晓霞　张　丹　张　侨　张晓云
张逸先　张维谊　陈　倩　陈红彬　周　峰
赵方方　赵建坤　徐淑波　唐　伟　曹　雨
盖文婷　斯　青　董　慧

序

良好的生态环境、安全优质的食品是人们对美好生活的追求和向往。为保护我国生态环境，提高农产品质量，促进食品工业发展，增进人民身体健康，农业部于20世纪90年代推出了以“安全、优质、环保、可持续发展”为核心发展理念的“绿色食品”。经过30年多的发展，绿色食品事业发展取得显著成效，创建了一套特色鲜明的农产品质量安全管理制度，打造了一个安全优质的农产品精品品牌，创立了一个蓬勃发展的新兴朝阳产业。截至2022年年底，全国有效使用绿色食品标志的企业总数已达25 928家，产品总数达55 482个。发展绿色食品为提升我国农产品质量安全水平，推动农业标准化生产，增加绿色优质农产品供给，促进农业增效、农民增收发挥了积极作用。

当前，我国农业已进入高质量发展的新阶段。发展绿色食品有利于更好地满足城乡居民对绿色化、优质化、特色化、品牌化农产品的消费需求，对我国加快建设农业强国、全面推进乡村振兴、加强生态文明建设等战略部署具有重要支撑作用，日益受到各级地方政府部门、生产企业、农业从业者和消费者的广泛关注和高度认可。越来越多的生产者希望生产绿色食品、供应绿色食品，越来越多的消费者希望了解绿色食品、吃上绿色食品。

为了让各级政府和农业农村主管部门、广大生产企业和从业人员、消费者系统了解绿色食品发展概况、生产技术与管理要求、申报流程和制度规范，中国绿色食品发展中心从2019年开始组织专家编写《绿色食品申报指南》系列丛书，目前已编写出版稻米、茶叶、水果、蔬菜、牛羊和植保6本专业分卷，以及《绿色食品标志许可审查指南》《绿色食品现场检查指南》，共8本图书。2023年，中国绿色食品发展中心继续组织编写了水产、食用菌、蜂产品3本专业分卷。同时，为总结各地现场检查典型经验，进一步提高检查员现场检查技术水平，中国绿色食品发展中心邀请从事绿色食品审查工作多年的资深检查员共同编写了《绿色食品现场检查案例》。

《绿色食品申报指南》各专业分卷从指导绿色食品生产和申报的角度，将《绿色食品标志管理办法》《绿色食品标志许可审查程序》《绿色食品标志许可审查工作规范》以及绿色食品标准中的条文以平实简洁的文字、图文并茂的形式进行详细解读，力求体现科学性、实操性和指导性，有助于实现制度理解和执行尺度的统一。每卷共分5章，包括绿色食品概念、发展成效和前景展望的简要介绍，绿色食品生产技术的详细解析，绿色食品申报要求的重点解读，具体申报的案例示范，以及各类常见问题的解答。

《绿色食品现场检查案例》从指导检查员现场检查工作的角

度，面向全国精选了一批不同生产区域、不同生产模式、不同产品类型的现场检查典型案例，完整再现现场检查实景和工作规范，总结现场检查经验技巧，展示绿色食品生产技术成果，以实例教学的方式解读《绿色食品现场检查工作规范》及绿色食品相关标准，并结合产品类型特点，对现场检查过程中的关键环节、技术要点、常见问题、风险评估等进行了分析探讨和经验总结，对提高现场检查工作的规范性和实效性具有重要指导意义。

《绿色食品申报指南》系列丛书对申请使用绿色食品标志的企业和从业者有较强的指导性，可作为绿色食品企业、绿色食品内部检查员和农业生产从业者的培训教材或工具书，还可作为绿色食品工作人员的工作指导书，同时，也为关注绿色食品事业发展的各级政府有关部门、农业农村主管部门工作人员和广大消费者提供参考。

中国绿色食品发展中心主任 金发忠

目　录

第一章
绿色食品概述

一、绿色食品概念

（一）绿色食品产生的背景

良好的生态环境、安全优质的食品是人们对美好生活追求的重要内容，是人类社会文明进步的重要体现。20世纪80年代末、90年代初，随着我国经济发展和人们生活水平的提高，人们对食品的需求从简单的“吃得饱”向更高层次的“吃得好”“吃得安全”“吃得健康”转变，同时农业发展开始实现战略转型，向高产、优质、高效方向发展，农业生产和生态环境和谐发展日益受到关注。在这种形势下，农业部[①]农垦部门在研究制定全国农垦经济社会“八五”发展规划时，根据农垦系统得天独厚的生态环境、规模化集约化的组织管理和生产技术等优势，借鉴国际有机农业生产管理理念和模式，提出在中国开发绿色食品。

开发绿色食品的战略构想得到农业部领导的充分肯定和高度重视。1991年，农业部向国务院呈报了《关于开发“绿色食品”的情况和几个问题的请示》。国务院对此作出重要批复（图1–1），明确指出“开发绿色食品对保护生态环境，提高农产品质量，促进食

① 中华人民共和国农业部，全书简称农业部。2018 年 3 月，国务院机构改革将农业部的职责整合，组建中华人民共和国农业农村部，简称农业农村部。

品工业发展，增进人民健康，增加农产品出口创汇，都具有现实意义和深远影响。要采取措施，坚持不懈地抓好这项开创性工作，各有关部门要给予大力支持”。

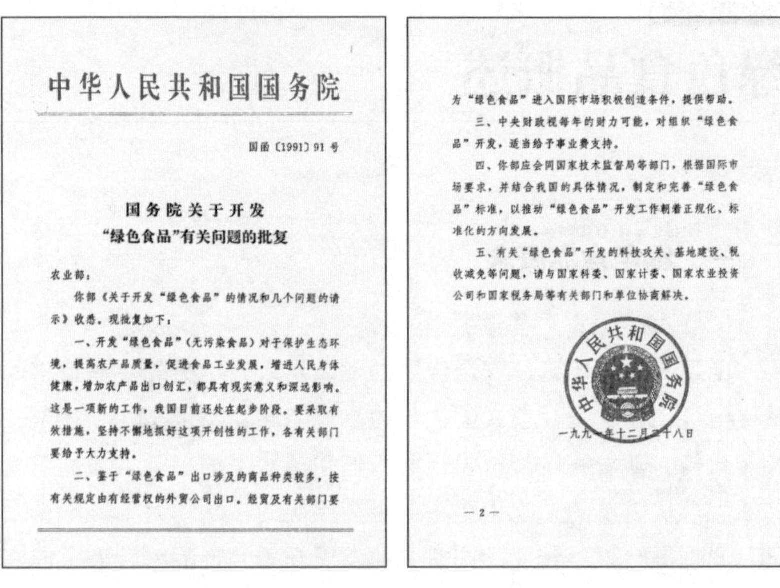

中华人民共和国国务院

国函〔1991〕91号

国务院关于开发
“绿色食品”有关问题的批复

农业部：

你部《关于开发“绿色食品”的情况和几个问题的请示》收悉。现批复如下：

一、开发“绿色食品”（无污染食品）对于保护生态环境，提高农产品质量，促进食品工业发展，增进人民身体健康，增加农产品出口创汇，都具有现实意义和深远影响。这是一项新的工作，我国目前还处在起步阶段。要采取有效措施，坚持不懈地抓好这项开创性的工作，各有关部门要给予大力支持。

二、鉴于“绿色食品”出口涉及的商品种类较多，按有关规定由有经营权的外贸公司出口。经贸及有关部门要为“绿色食品”进入国际市场积极创造条件，提供帮助。

三、中央财政视每年的财力可能，对组织“绿色食品”开发，适当给予事业费支持。

四、你部应会同国家技术监督局等部门，根据国际市场要求，并结合我国的具体情况，制定和完善“绿色食品”标准，以推动“绿色食品”开发工作朝着正规化、标准化的方向发展。

五、有关“绿色食品”开发的科技攻关、基地建设、税收减免等问题，请与国家科委、国家计委、国家农业投资公司和国家税务局等有关部门和单位协商解决。

中华人民共和国国务院

一九九一年十二月二十八日

— 2 —

图 1-1　国务院关于开发“绿色食品”有关问题的批复文件

1992年，农业部成立绿色食品办公室，并在国家有关部门的支持下组建了中国绿色食品发展中心，组织开展全国绿色食品开发和管理工作。从此，我国绿色食品事业步入了规范有序、持续发展的轨道。

（二）绿色食品概念、特征和发展理念

绿色食品并不是“绿颜色”的食品，而是对“无污染”食品的一种形象的表述。绿色象征生命和活力，食品维系人类生命，自然资源和生态环境是农业生产的根基，农业是食品的重要来源，由于与生命、资源和环境相关的食物通常冠之以“绿色”，将食品冠以

"绿色"，"绿色食品"概念由此产生，突出强调这类食品出自良好的生态环境，并能给人们带来旺盛的生命活力。所以最初绿色食品特指无污染的安全、优质、营养类食品。随着绿色食品事业不断发展壮大，制度规范越来越健全，标准体系逐步完善，其概念和内涵也不断丰富和深化。《绿色食品标志管理办法》规定，绿色食品指产自优良生态环境、按照绿色食品标准生产、实行全程质量控制并获得绿色食品标志使用权的安全、优质食用农产品及相关产品。

绿色食品的概念充分体现了其"从土地到餐桌"全程质量控制的基本要求和安全优质的本质特征。按照"从土地到餐桌"全程质量控制的技术路线，绿色食品创建了"环境有监测、生产有控制、产品有检验、包装有标识、证后有监管"的标准化生产模式，并建立了完善的绿色食品标准体系，突出体现绿色食品促进农业可持续发展、提供安全优质营养食品、提升产业发展水平和促进农民增产增收的发展理念。

（三）绿色食品标志

1990年，绿色食品事业创建之初，开拓者们认为绿色食品应该有区别于普通食品的特殊标识，因此根据绿色食品的发展理念构思设计出了绿色食品标志图形（图1-2）。该图形由3部分构成，上方的太阳、下方的嫩芽和中心的蓓蕾，象征自然生态；颜色为绿色，象征着生命、农业、环保；图形为正圆形，意为保护。绿色食品标志图形描绘了一幅明媚阳光照耀下的和谐生机，意欲告诉人们绿色食品正是出自优良生态环境的安全、优质食品，同时还

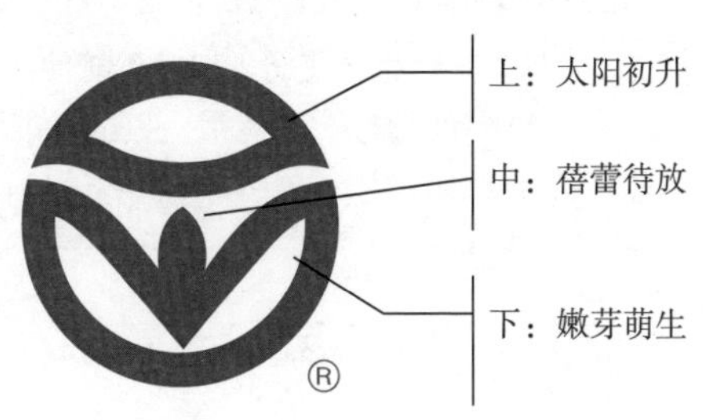

图1-2　绿色食品标志图形

提醒人们要保护环境，通过改善人与自然的关系，创造自然界新的和谐。

1991年，绿色食品标志经国家工商总局[①]核准注册，1996年又成功注册成为我国首例质量证明商标，受法律的保护。《中华人民共和国商标法》明确规定，经商标局核准注册的商标为注册商标，包括商品商标、服务商标、集体商标、证明商标；商标注册人享有商标专用权，受法律保护。中国绿色食品发展中心是绿色食品证明商标的注册人。根据《绿色食品标志管理办法》的规定，中国绿色食品发展中心负责全国绿色食品标志使用申请的审查、颁证和颁证后跟踪检查工作。

证明商标是指由对某种商品或服务具有监督能力的组织所控制，而由该组织以外的单位或者个人使用于其商品或服务，用以证明该商品或者服务的原产地、原料、制造方法、质量或其他特定品质的标志。

普通商标与证明商标区别

（1）证明商标，注册人必须有检测、监督能力，其他自然人、企业或组织不能注册；对普通商标注册人无此要求。

（2）申请证明商标，还要审查公信力、检测监督能力和《证明商标使用管理规则》；普通商标申请人真实合法就可以。

（3）证明商标注册人自身不能使用该商标。

（4）普通商标能不能用，注册人说了算；证明商标使用条件明确公开，达标就能申请使用。

目前，中国绿色食品发展中心在国家知识产权局商标局注册的

① 中华人民共和国国家工商行政管理总局，全书简称国家工商总局。2018 年 3 月，国务院机构改革将其商标管理职责整合，组建中华人民共和国国家知识产权局商标局。

绿色食品图形、文字和英文以及组合等10种形式（图1-3），包括标准字体、字形和图形用标准色都不能随意修改。同时，绿色食品商标已在美国、俄罗斯、法国、澳大利亚、日本、韩国、中国香港等11个国家和地区成功注册。

图 1-3　绿色食品标志形式

二、绿色食品发展成效

经过30多年的发展，我国绿色食品从概念到产品，从产品到产业，从产业到品牌，从局部发展到全国推进，从国内走向国际。总量规模持续扩大，品牌影响力持续提升，产业经济、社会和生态效益日益显现，成为我国安全优质农产品的精品品牌，为推动农业标准化生产、提高农产品质量水平、促进农业提质增效、帮助农民增产增收、保护农业生态环境、推进农业绿色发展等发挥了积极的示范引领作用。

（一）创立了一个新兴产业

绿色食品建立了以品牌为引领，基地建设、产品生产、市场流通为链接的产业发展体系，产业发展初具规模，水平不断提高。

截至2022年年底，全国有效使用绿色食品标志的企业总数已达25 928家，产品总数已达55 482个。获证主体包括7 518家地市县级以上龙头企业和8 000多家农民专业合作组织。产品涵盖农林及加工产品、食用菌及山野菜类产品、畜禽类产品、水产类产品、饮品类产品及其他产品共6个大类57个小类1 000多个品种产品。其中，食用菌及山野菜类占2.09%（年产量308.78万吨）。全国共建成绿色食品原料标准化生产基地748个，种植面积1.74亿亩①，涉及百余种地区优势农产品和特色产品，共带动2 126多万个农户发展，其中食用菌原料标准化基地7个，木耳原料标准化基地5个，香菇原料标准化基地2个。

绿色食品产地环境监测的农田、果园、茶园、草原、林地和水域面积为1.56亿亩。

绿色食品发展总量和产品结构情况如图1-4和图1-5所示。

---

① 1亩≈667米^2，全书同。

图 1-4　2010—2022 年有效使用绿色食品标志的企业总数和产品总数

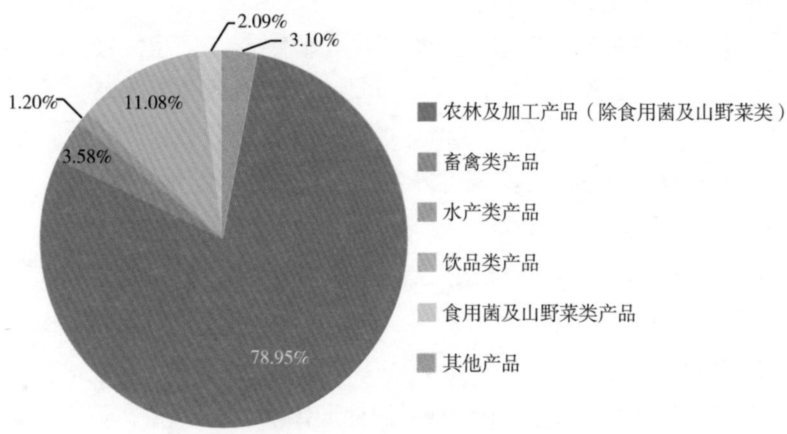

图 1-5　2022 年绿色食品产品结构

（二）保护生态环境，促进农业可持续发展

绿色食品生产要求选择生态环境良好、无污染的地区，远离工矿区及公路、铁路干线，避开污染源；在绿色食品和常规生产区域之间设置有效的缓冲带或物理屏障，以防绿色食品生产基地受到污染；建立生物栖息地，保护基因多样性、物种多样性和生态系统多

样性，以维持生态平衡；要保证基地具有可持续生产能力，不对环境或周边其他生物产生污染。根据2020年中国农业大学张福锁院士团队“绿色食品生态环境效应、经济效益和社会效应评价”课题研究，其生态环境效益主要体现在以下3个方面。

1. 减肥减药成效显著，三类作物呈增产效应

绿色食品生产模式化学氮肥投入量减少39%、化学磷肥投入量减少22%、化学钾肥投入量减少8%，2010—2019年累计减少化学氮肥投入1 458万吨；农药使用强度降低60%，2010—2019年累计减少农药投入54.2万吨。与常规种植模式相比，绿色食品生产模式作物产量平均提高11%，其中，粮食、蔬菜和经济作物单产分别增加12%、32%和13%。

2. 有效提高耕地质量、促进土壤健康

种植绿色食品10年后，土壤有机质、全氮、有效磷和速效钾分别增加31%、4.9%、42%和32%。

3. 减排效果显著，大幅提升生态系统服务价值

2010—2019年，氨挥发累计减排98.42万吨；硝酸盐（NO_3^-）淋洗减少61.98万吨；一氧化二氮（N_2O）减排4.29万吨；温室气体减排5 558万吨，2009—2018年，绿色食品生产模式累计创造生态系统服务价值32 059亿元。

（三）构建具有国际先进水平的标准体系

经过30多年的探索和实践，绿色食品从安全、优质和可持续发展的基本理念出发，立足打造精品，满足高端市场需求，创建并落实“从土地到餐桌”的全程质量管理模式，建立了一套定位准确、结构合理、特色鲜明的标准体系，包括产地环境质量标准、生产过程标准、产品质量标准、包装与储运标准4个组成部分，涵盖了绿色食品产业链中各个环节标准化要求。绿色食品标准质量安全要求达到国际先进水平，一些安全指标甚至超过欧盟、美国、日本等发达国家和地区水平。农业农村部发布绿色食品现行有效标准143项。绿色食品标准体系为指导和规范绿色食品的生产行为、质量技术检测、标志许可审查和证后监督管理提供了依据和准绳，为绿色食品事业持续健康发展提供了重要技术支撑，同时，也为不断提升我国农业生产和食品加工水平树立了“标杆”。

（四）促进农业生产方式转变，带动农业增效、农民增收

绿色食品申请人须能独立承担民事责任，具有稳定的生产基地，因此，发展绿色食品须将一家一户的农业生产集中组织起来，组成企业组织模式或合作社模式。绿色食品促进了粗放型、散户型、人力化农业生产向规范化、集约化和智能机械化生产转变，不仅保证了农产品的质量，保护了生态环境，还带动了农业增效、农民增收。张福锁院士的调查研究显示，70%以上的绿色食品企业管理者认为发展绿色食品有利于其产品、价格、渠道和促销升级，企业年产值增加50.3%，农户收入增加43%，企业通过发展绿色食品，实现了产品质量不断提升、经济效益稳步增加的“双赢”局面。在产业扶贫工作中，绿色食品也发挥了重要作用，2016—2020年绿色食品累计支持国家级贫困县以及新疆、西藏①等地区的5 154个企业发展了11 351个绿色食品产品。根据河北、吉林、河南、湖南、贵州、云南、西藏、甘肃8省（区）的调研数据，发展绿色食品带动贫困地区近56万个贫困户脱贫，户均增收约7 000多元。

三、绿色食品市场发展

市场是实现绿色食品品牌价值的基本平台。多年来，绿色食品面向国际国内两个市场，加强品牌的深度宣传，加大市场服务力度，搭建多渠道营销体系，不断提升品牌的认知度和公信度，提高

---

① 新疆维吾尔自治区，全书简称新疆；西藏自治区，全书简称西藏。

品牌的竞争力和影响力，使绿色食品始终保持“以品牌引领消费、以消费拓展市场、以市场拉动生产”持续健康发展的局面。

（一）绿色食品消费调查分析

经过多年发展，绿色食品已得到公众的普遍认可，消费者对绿色食品品牌的认知度已超过80%，绿色食品已成为我国最具知名度和影响力的品牌之一，满足了人们对安全、优质、营养类食品的需求。

根据华商传媒研究所的2015年调查数据，对来自全国15个副省级城市和4个直辖市的6 000名消费者问卷调查进行分析，结果显示，有87.77%的人“购买过”绿色食品，选择“没有购买过”的仅占4.33%。另外，还有7.90%的人表示“不清楚”（图1-6）。

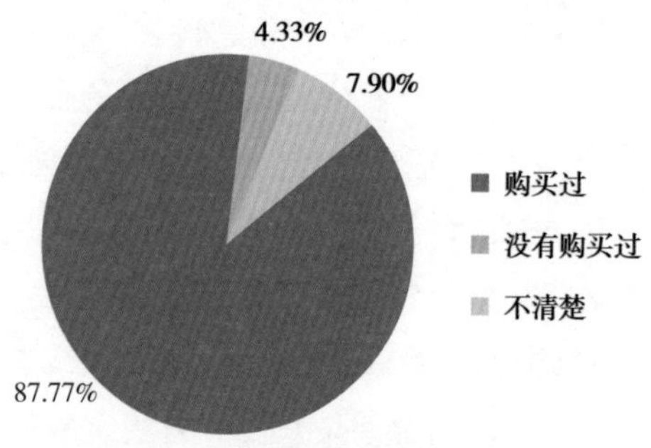

图 1-6　绿色食品购买情况调查

在对消费者购买绿色食品主要基于哪些方面考虑的调查中，受访者认为“无污染，对健康有利”是其选择绿色食品的主要考虑因素，占81.85%；基于“担心市面上的食品不安全”考虑的受访者占58.15%；选择“主要买给孩子吃”和“营养价值高”的比例接近，分别为33.18%和32.98%（图1-7）。

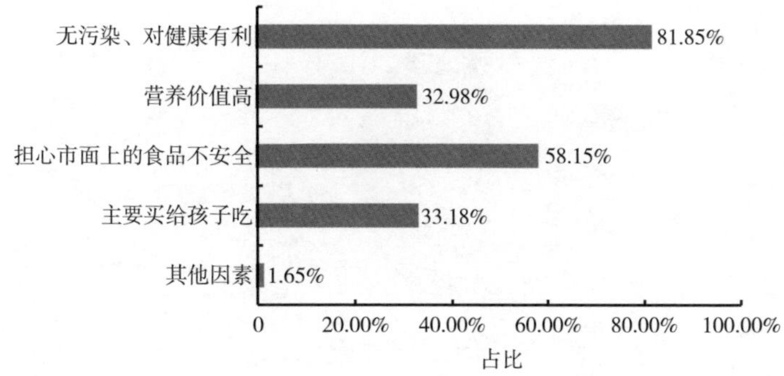

图 1-7　选择绿色食品原因调查

调查结果显示，“过去一年居民家里购买绿色食品的频率”在“10次以上/年”的受访者占40.88%；23.85%的受访者选择“3～5次/年”；“从未购买过”的比例在3.82%（图1-8）。

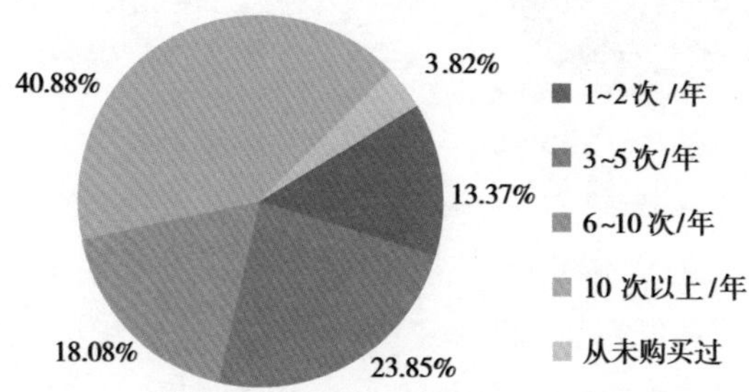

图 1-8　绿色食品购买频率调查

调查结果显示，对于“居民所在城市的绿色食品专营店数量”，60.61%的受访者选择“大型超市有专柜”；16.92%的受访者表示“未关注过”（图1-9）。

对于绿色食品价格的调查中，48.72%的受访者能接受其比一般商品高出30%以下；40.58%的受访者接受其比一般商品价格高30%～50%；对于绿色食品高于一般商品价格80%以上，受访者基本不接受（图1-10）。

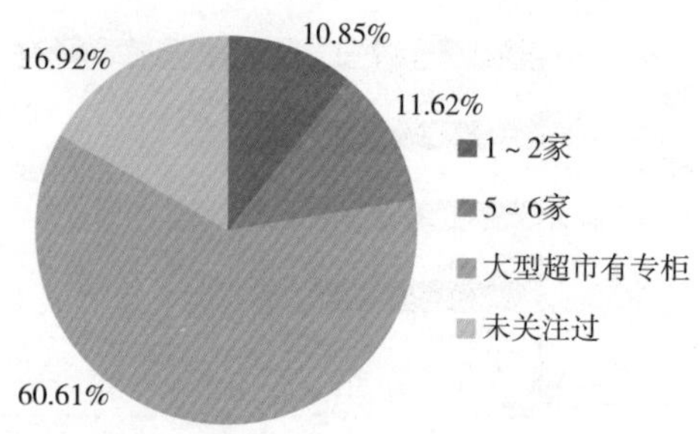

图 1-9 绿色食品专营店数量调查

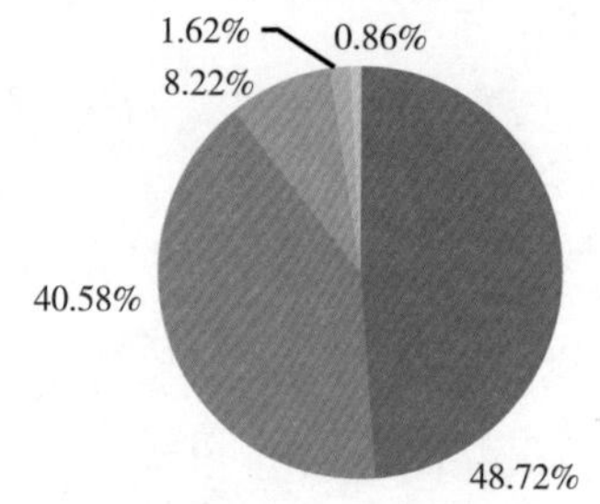

图 1-10 绿色食品价格调查

在对待绿色食品的态度上，68.77%的受访者表示“为了健康，偶尔会选择绿色食品”；21.95%的受访者表示“即使价格贵很多，也倾向于购买绿色食品”；6.55%的受访者称“价格太高，不太会购买绿色食品”，另有2.73%的受访者认为“是否是绿色食品无所谓”（图1-11）。

在对特定人群的绿色食品消费进行分析后，结果显示：①男女购买绿色食品比例基本相同。②老年人和高素质人群更注重食品健康和饮食安全。③高学历人群更注重下一代健康。④高学历、高收入群体是绿色食品消费的主力人群。⑤消费者承受的价格区间是比普通食品价格高50%以下。

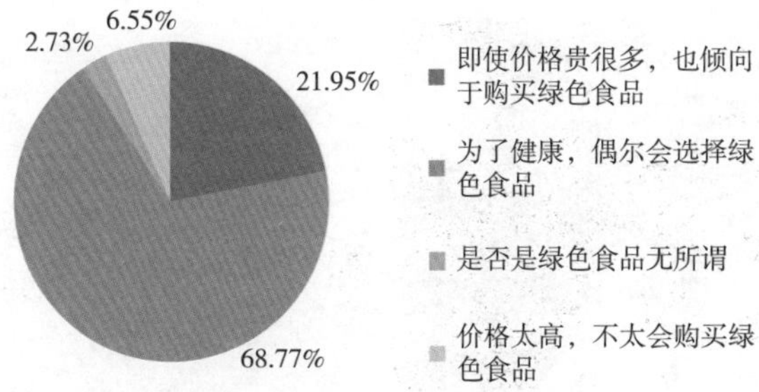

图 1-11　居民对待绿色食品态度调查

（二）绿色食品销售情况

随着人们生活水平的不断提高，以及绿色食品供给能力的不断提升，绿色食品国内外销售额逐年攀升。目前，在国内部分大中城市，绿色食品通过专业营销机构和电商平台进入市场，一大批大型连锁经营企业设立了绿色食品专店、专区和专柜。中国绿色食品博览会已成功举办了22届，吸引了大量国内外的生产商和专业采购商，成为产销对接、贸易合作和信息交流的重要平台（图1-12和图1-13）。

图 1-12　第二十二届中国绿色食品博览会暨第十五届中国国际有机食品博览会在合肥举办

图 1-13　第二十二届中国绿色食品博览会展区

绿色食品国内销售额从1997年的240亿元发展到2022年的5 398亿元，出口额从1997年的7 000多万美元，发展到2022年的31.4亿美元（图1-14和图1-15）。

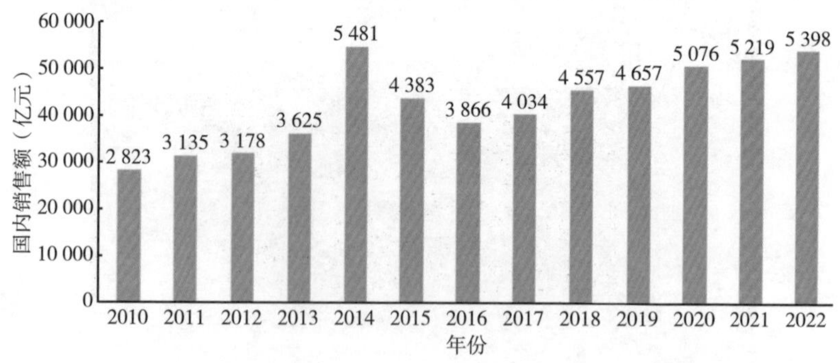

图 1-14　2010—2022 年绿色食品产品国内销售额

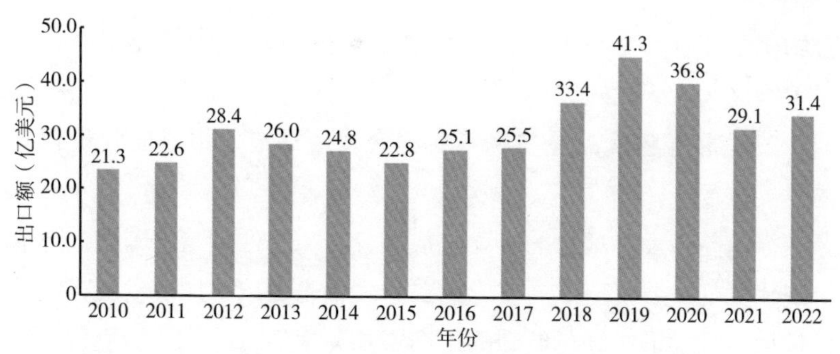

图 1-15　2010—2022 年绿色食品产品出口额

四、绿色食品发展前景展望

当前，我国农业已进入高质量发展的新阶段。在全面推进乡村振兴、加快建设农业强国战略背景下，绿色食品将迎来新的历史发展机遇。深入贯彻落实中央决策部署，准确把握新形势新要求，大力发展绿色食品，对增加绿色优质农产品供给、更好地保障粮食安全、推动农业高质量发展、助力乡村振兴和建设农业强国具有重要意义。

（一）形势要求

1. 发展绿色食品是积极践行大食物观、全面夯实粮食安全根基的必然要求

粮食安全是国之大者。党的二十大报告提出“全面夯实粮食安全根基”，明确要求树立大食物观，构建多元化食物供给体系。习近平总书记对增加绿色优质农产品供给高度重视，多次强调，农产品保供，既要保数量，也要保多样、保质量。大力发展绿色食品，是践行大食物观、落实农产品“三保”的必然要求，有利于提高绿色优质农产品供给保障能力，更好地满足人民群众高品质、多样化食物消费需求，有利于全面夯实粮食安全根基，稳住农业基本盘，事关国之大者、民之关切。

2. 发展绿色食品是贯彻落实绿色发展理念、推进农业现代化的重要途径

绿色是新发展理念的重要组成部分，生态低碳是中国式农业农村现代化的重要价值取向。党的二十大报告提出“加快发展方式绿色转型，推动形成绿色低碳的生产方式和生活方式”。绿色食品牢固树立和践行“绿水青山就是金山银山”发展理念，坚持走“生态优先、绿色环保”可持续发展道路，推行产地洁净化、生产标准化、投入品减量化、废弃物资源化、产业生态化的绿色发展模式，全链条拓展农业绿色发展空间，进一步推动农业绿色发展、循环发展、低碳发展，形成节约适度、绿色低碳的生产生活方式。作为现代农业的重要模式，绿色食品被誉为“全球可持续农业发展20个最成功的模式之一”。

3. 发展绿色食品是推动农业高质量发展、加快建设农业强国的重要支撑

推动农业高质量发展是建设农业强国的重要目标。习近平总书记在中央农村工作会议上指出，要推动品种培优、品质提升、品牌打造和标准化生产（简称生产“三品一标”），这为新阶段推进农业高质量发展、提升质量效益竞争力提供了路径指引。绿色食品作为产品“三品一标”（绿色、有机、地理标志和食用农产品达标合格证农产品）的重要力量，采取全程质量控制和全链条标准化的技术路线，推行“质量认证与过程管理、品牌打造与产业发展相结合”的运作模式，与生产“三品一标”目标一致、路径相通，必将在统筹推进两个“三品一标”、推动农业高质量发展、加快建设农业强国中发挥重要的示范带动作用。

4. 发展绿色食品是全面推进乡村振兴、促进农民增收共富的重要抓手

乡村振兴战略是新时代“三农”工作的总抓手。产业振兴是乡村振兴的重中之重，也是开展实际工作的切入点。绿色食品以市场需求为引领，聚焦乡村优质资源，赋能乡村特色产业，推动产业提质升级，促进一二三产业融合，加快把乡村资源优势、生态优势、文化优势转化为产品优势、产业优势，打造城乡联动的产业集群，进一步增强产业韧性和市场竞争力，多渠道拓宽农民增收渠道，让农民从全产业链各环节中分享更多增值收益，实现巩固拓展脱贫攻坚成果同乡村振兴有效衔接，为乡村产业高质高效发展注入新的活力，以产业兴旺推动乡村全面振兴，实现农村宜居宜业、农民富裕富强。

5. 发展绿色食品是加强绿色农产品市场建设、畅通城乡经济循环的重要举措

加快构建以国内大循环为主体、国内国际双循环相互促进的新发展格局，是一项关系“十四五”全局发展的重大战略任务。习近平总书记强调，畅通国内大循环，要坚持扩大内需这个战略基点，以质量品牌为重点，促进消费向绿色、健康、安全发展。2020年我国人均国内生产总值（GDP）超过1万美元，面对城乡居民农产品消费已经从“吃得饱”向“吃得好、吃得营养健康”转变的新形势，亟须对标高品质生活需求，大力培育绿色农产品消费市场，进一步增强消费升级对生产供给和经济增长的拉动作用，更好地满足人民群众对绿色化、优质化、特色化、品牌化农产品的消费需求。

6. 发展绿色食品是引领带动行业发展、推动农业科技进步的重要阵地

科技创新是引领发展的第一动力。绿色食品经过30余年的发展，结合我国国情，灵活运用国际成熟的技术理论，建立了一套行业领先、特色鲜明的绿色产业发展技术体系，依托国内外知名科研院所、高等院校的院士与专家团队，构建了多个全国性产业技术创新战略联盟，在绿色食品综合效益、绿色产业链打造、营养品质功能评价等多个重点领域开展协同技术攻关，促进技术标准推广落地，成为引领带动行业发展、推动农业科技进步的重要阵地。未来，伴随生物技术、装备技术、信息技术等农业科技迅速发展，绿色食品必将以更加科学的技术理念、标准和模式在引领农业科技创新以及强化农业科技支撑等方面发挥更加重要的作用。

（二）政策支持

发展绿色食品得到党和政府的高度重视和大力支持。习近平总书记在福建工作时就强调："绿色食品是21世纪的食品，很有市场前景，且已引起各级政府和主管部门的关注，今后要在生产研发、生产规模、市场开拓方面加大力度。"在2017年全国两会上，习近平总书记在参加四川省代表团审议时指出："要坚持市场需求导向，主攻农业供给质量，注重可持续发展，加强绿色、有机、无公害农产品供给。"

1. 2004 年以来，中央一号文件 9 次明确提出要大力发展绿色食品

2021年：加强农产品质量和食品安全监管，发展绿色农产品、有机农产品和地理标志农产品，试行食用农产品达标合格证制度，推进国家农产品质量安全县创建。

2020年：继续调整优化农业结构，加强绿色食品、有机农产品、地理标志农产品认证和管理，打造地方知名农产品品牌，增加绿色农产品供给。

2017年：支持新型农业经营主体申请"三品一标"认证，加快提升国内绿色、有机农产品认证的权威性和影响力。

2010年：加快农产品质量安全监管体系和检验检测体系建设，积极发展无公害农产品、绿色食品、有机农产品。

2009年：加快农业标准化示范区建设，推动龙头企业、农业专业合作社、专业大户等率先实行标准化生产，支持建设绿色和有机农产品生产基地。

2008年：积极发展绿色食品和有机食品，培育名牌农产品，加强农产品地理标志保护。

2007年：搞好无公害农产品、绿色食品、有机食品认证，依法保护农产品注册商标、地理标志和知名品牌。

2006年：加快建设优势农产品产业带，积极发展特色农业、绿色食品和生态农业，保护农产品品牌。

2004年：开展农业投入品强制性产品认证试点，扩大无公害、绿色食品、有机食品等优质农产品的生产和供应。

2. 绿色食品纳入“十四五”国家级规划

《中华人民共和国国民经济和社会发展第十四个五年规划和二〇三五年远景目标纲要》明确提出，要完善绿色农业标准体系，加强绿色食品、有机农产品和地理标志农产品认证管理。

《“十四五”推进农业农村现代化规划》明确提出“加强绿色食品、有机农产品、地理标志农产品认证和管理，推进质量兴农、绿色兴农”。

《“十四五”全国农业绿色发展规划》将“加强绿色食品、有机农产品、地理标志农产品认证管理”作为提升农业质量效益竞争力的重要措施。

《“十四五”全国农产品质量安全提升规划》将绿色食品、有机产品和地理标志农产品（以下将三者统称为绿色有机地标）作为增加绿色优质农产品供给的主要内容。

3. 新修订的《中华人民共和国农产品质量安全法》增加“绿色优质农产品”表述

2023年1月1日，新修订的《中华人民共和国农产品质量安全法》正式施行。本次修订首次在法律层面增加“绿色优质农产品”表述，是深化农业供给侧结构性改革，实施质量兴农、绿色兴农战略，推进农业全面绿色转型发展的重要举措，有利于更好地满足城乡居民对绿色化、优质化、特色化、品牌化农产品的消费需求。

（三）产业扶持

产业是乡村振兴的重中之重，也是绿色食品发展的根基。习近平总书记强调，要推动乡村产业振兴，紧紧围绕发展现代农业，围绕农村一二三产业融合发展，构建乡村产业体系。近年来，农业农村部会同国家发展改革委、财政部、生态环境部①等部门，深入贯彻落实习近平生态文明思想，以绿色发展理念为引领，加强政策指导，加大支持力度，推进绿色生态循环农业产业化发展，以产业振兴带动乡村全面振兴。

1. 顶层设计

2016年，农业部与财政部联合印发《建立以绿色生态为导向的农业补贴制度改革方案》，加快推动相关农业补贴政策改革，把政策目标由数量增长为主转到数量、质量、生态并重上来。2017年，中共中央办公厅、国务院办公厅印发《关于创新体制机制推进农业绿色发展的意见》，指出要制定农业循环低碳生产制度、农业资源环境管控制度和完善农业生态补贴制度，为农业绿色生态转型构建了制度框架。农业部印发《种养结合循环农业示范工程建设规划（2017—2020）》，支持整县打造种养生态循环产业链。2018年，

① 中华人民共和国国家发展和改革委员会，全书简称国家发展改革委；中华人民共和国财政部，全书简称财政部；中华人民共和国生态环境部，全书简称生态环境部。

中共中央、国务院印发《乡村振兴战略规划（2018—2022年）》，在强化资源保护与节约利用、推进农业清洁生产、集中治理农业环境突出问题等方面，进一步细化了农业绿色发展的政策措施。2019年，国务院印发《关于促进乡村产业振兴的指导意见》，要求推动种养业向规模化、标准化、品牌化和绿色化方向发展，延伸拓展产业链，增加绿色优质农产品供给，不断提高质量效益和竞争力。鼓励地方培育品质优良、特色鲜明的区域公共品牌，引导企业与农户共创企业品牌，培育一批“土字号”“乡字号”产品品牌。2021年，国务院印发《关于加快建立健全绿色低碳循环发展经济体系的指导意见》提出鼓励发展生态种植、生态养殖，将加强绿色食品、有机农产品认证和管理作为主要举措，完善循环型农业产业链条，持续推进农业绿色低碳循环发展。

2. 体系建设

2017年，中共中央办公厅、国务院办公厅印发了《关于加快构建政策体系　培育新型农业经营主体的意见》，提出为新型农业经营主体发展“三品一标”创造政策、法律、技术、市场等环境和条件，特别针对突出困难，会同有关部门重点在金融、保险、用地等方面加大政策创设力度，引导新型农业经营主体多元融合发展、多路径提升规模经营水平、多模式完善利益分享机制以及多形式提高发展质量。中央财政安排补助资金14亿元专门用于支持合作社和联合社，重点支持制度健全、管理规范、带动力强的国家示范社，发展绿色生态农业，开展标准化生产，突出农产品加工、产品包装、市场营销等关键环节，进一步提升自身管理能力、市场竞争能力和服务带动能力。2018年，农业农村部印发《农业绿色发展技术导则（2018—2030）》，发布重大引领性农业绿色环保技术，遴选推介100项优质安全、节本高效、生态友好的主推技术，着力构建支撑农业绿色发展的技术体系。会同国家发展改革委、科技部[①]等7部门，评估确定了80个国家农业可持续发展示范区（农业绿色发展先行区）。充分挖掘乡村“土特产”资源以及生态涵养、健康养生等方面的价值功能，促进一二三产业融合，形成“农业+”多业态发展态势，实施乡村休闲旅游精品工程，挖掘各地绿色生态发展的典型经验，示范带动各地发展现代绿色生态农业。

3. 政策投入

2017年以来，农业农村部会同财政部立足区域优势资源，累计安排中央财政资金超过300亿元，支持建设优势特色产业集群、国家现代农业产业园和农业产业强镇，建设标准化绿色原料基地，推进绿色质量标准体系构建，打造了一批在全国乃至全球有影响力的绿色生态乡村产业发展集群，对周边生态产业发展起到示范引领作用。中国农业发展银行切实加大对各类涉农园区和农村一二三产业融合发展的支持力度，有力助推了乡村全面振兴和城乡融合发展。截至2021年4月，共支持各类涉农园区项目300个，贷款余额694.58亿元。2019—2021年，中央财政累计安排农田建设补助资金2 160.67亿元，支持地方开展高标准农田和农田水利建设，主要用于土地平整、土壤改良、灌溉排水与节水设施、田间机耕道、农田防护与生态环境保持、农田输配电等建设内容。其中，2021年安排安徽省农田建设补助资金43.3亿元，比2020年增加12.78亿元。农业农村部会同有关部门加强政策支持、技术指导，“十三五”期间累计支持723个县整县推进畜禽粪污资源化利用，实现了585个畜牧大县全覆盖；会同生态环境部印发《关于进一步明确畜禽粪污还田利用要求　强化养殖污染监管的通知》，有力推动了绿色生态循环农业发展。

① 中华人民共和国科学技术部，全书简称科技部。

（四）发展思路

党的二十大发出了加快建设农业强国的动员令。增加绿色优质农产品供给，是推动农业高质量发展的重要任务和必然要求，是加快建设农业强国的重要支撑。作为引领绿色生产、绿色消费的优质农产品主导品牌，助力乡村振兴、农民增收的新兴产业和推进质量兴农、实现农业现代化的重要力量，绿色食品将担负更加重要的职责使命，围绕国之大者和中央部署，深化职能定位，拓展功能作用，全面推动以绿色有机地标为主体的绿色优质农产品高质量创新发展，为全面推进乡村振兴，加快建设农业强国，不断满足城乡人民对绿色化、优质化、特色化、品牌化农产品的需求发挥更加积极的作用。

2023年2月24日，中国绿色食品发展中心印发《关于加快推进以绿色有机地标为主体的绿色优质农产品高质量创新发展的通知》，对当前及今后一个时期以绿色有机地标为主体的绿色优质农产品高质量创新发展做了全面部署。发展思路主要有4个方面：一是固本培元增总量。加快推进基地建设，全面加快绿色食品、有机农产品发展，不断增加绿色优质农产品生产总量和市场占比，满足公众强劲的消费需求。二是精益求精保质量。落实“四个最严”要求，强化跟踪检查和技术服务，建立全过程质量监管机制，压实主体责任，确保产品质量，提升品牌美誉度和公信力。三是包容并蓄树品牌。对标高品质生活新要求，全面拓展农产品品质规格、营养功能评价、品牌培育、名优农产品认定与宣传，全方位推进品种培优、品质提升和品牌打造，营造全社会关注绿色生产、推动绿色消费的良好氛围。四是守正创新铸机制。依照法律法规完善相关制度规范，建立健全立足当前、着眼长远、务实管用的工作规范和制度机制，全面激发以绿色有机地标为主体的绿色优质农产品事业高质量发展的动能和活力。

（五）小　结

回顾绿色食品事业发展历程，20世纪80年代末90年代初，我国农业发展状况是刚刚解决温饱，发展水平低，解决10多亿人的吃饭问题是头等大事。那时，绿色食品事业的开拓者顺应时代浪潮，准确把握人民对食品安全的需求，抓住国家农业转型发展的战略机遇，提出发展安全、优质、无污染的食品，这就是“绿色食品”最初的概念。正如绿色象征着生命、健康和活力，也象征着环境保护和农业，“出自优良生态环境，带来强劲生命活力”是绿色食品健康和活力的充分体现。开发绿色食品是人类注重保护生态环境的产物，是社会进步和经济发展的产物，也是人们生活水平提高和消费观念改变的产物，是一项超前、开创性的工作，也是和我国农村改革发展相伴随的一项有意义的工作。

30多年来，绿色食品作为一项贯穿农业全面升级、农村全面进步、农民全面发展的系统工程，有效保护了我国农业资源环境，提升了农产品质量安全水平，加快了农业农村现代化的步伐。特别是新时代10年，绿色食品发展契合了国家生态文明建设、农业供给侧结构性改革、乡村产业振兴，以及绿色兴农、质量兴农、品牌强农等时代发展主题，作为满足人们对美好生活需求的重要支撑，农业增效、农民增收的重要途径，以及推进乡村振兴的重要抓手，彰显出更加强劲的生命活力和更加广阔的发展前景。未来，绿色食品必将成为农业绿色发展的标杆，品牌农业发展的主流。

回顾历史，催人奋进，展望未来，重任在肩。党的二十大擘画了全面建成社会主义现代化强国、以中国式现代化全面推进中华民族伟大复兴的宏伟蓝图，作出了全面推进乡村振兴、到2035年基本实现农业现代化、到21世纪中叶建成农业强国的战略部署。站在新征程的历史起点上，绿色食品要立足新发展阶段，完整、准确、全面贯彻新发展理念，坚持以人民为中心的服务宗旨，锚定农业强国战略目标，准确把握消费结构升级的新形势，主动融入农业农村工作大局，充分发挥农产品精品品牌的引领示范作用和农业供给侧结构性改革的积极推动作用，在全面实现高质量发展中展现更大作为，在全面推进乡村振兴，加快建设农业强国，实现农业强、农村美、农民富中发挥更大作用。

第二章 绿色食品食用菌生产要求

随着生活水平的不断提高，人们对健康、营养、安全的食用菌产品越来越重视。目前有效使用绿色食品标志的食用菌产品有1 000余个，年产量300多万吨，为满足人们绿色化、优质化、特色化、品牌化食品消费需求提供了重要支撑。本章详细介绍了绿色食品食用菌生产的产地环境和生产设施要求、基质等原辅料的选择、生产过程中管控重点、病虫害防控措施以及产后的贮存运输要求等，以期为绿色食品食用菌生产者提供有益技术指导。

一、食用菌种类

食用菌是一种营养丰富并兼具食疗价值的食品，在我国农业经济中，食用菌仅次于粮、菜、果、油，居第五位。食用菌产业因具有不与人争粮，不与粮争地，不与地争肥，不与农争时，不与其他行业争资源的特点，在农业发展中有着重要的地位和作用。广义的食用菌是指一切可以食用的真菌，它不仅包括大型的食用真菌，而且包括小型的食用真菌，如酵母菌、脉胞菌、曲霉等用肉眼难以看清的菌类。狭义的食用菌是指可供人类食用的大型真菌，具体地说是可供食用的蕈菌。蕈菌是指能形成大型子实体或菌核类组织并能供人们食用或药用的一类大型真菌，其子实体通常形体较大，多为肉质、胶质和膜质，是肉眼可以看得清楚的真菌，通常也被人们称为“菇”“菌”“蘑”“耳”。食用菌营养丰富、风味独特，是“三低一高”（低盐、低糖、低脂肪、高蛋白质）食品的首选，常被人们称作健康食品。如香菇不仅含有各种人体必需的氨基酸，还具有降低血液中的胆固醇、治疗高血压的作用。据检测，食用菌子实体的蛋白质含量一般为鲜重的3%～4%或干重的20%～40%，介于肉类和蔬菜之间，含氨基酸种类齐全；富含较多的核酸和各种维生素，包括维生素B_1（硫胺素）、维生素B_2（核黄素）、维生素PP（烟酸）、维生素C（抗坏血酸）和维生素D（麦角甾醇）等；矿物质的含量亦较丰富，尤其含磷较多，有利于人体各项生理功能的调节。农业行业标准《绿色食品　食用菌》（NY/T 749—2018）规定了人工培养的绿色食品食用菌常见种类，包括香菇、金针菇、平菇、草菇、双孢蘑菇、茶树菇、猴头菇、大球盖菇、滑子菇、长根菇、白灵菇、真姬菇、鸡腿菇、杏鲍菇、竹荪、灰树花、黑木耳、银耳、毛木耳、金耳、羊肚菌、绣球菌、榛蘑、榆黄蘑、口蘑、元蘑、姬松茸、暗褐网牛肝菌、裂褶菌等食用菌，以及国家批准可食用的其他食用菌。

（一）食用菌在分类学中的地位

食用菌的分类是人们认识、研究和利用食用菌的基础。Whittaker于1969年提出的生物界系统包括植物界、动物界、原核生物界、原生生物界、真菌界和非细胞形态生物。和其他生物一样，食用菌也是按界、门、纲、目、科、属、种的等次依次排列，食用菌属于真菌界。据不完全统计，全世界已发现约25万种真菌，其中有1万多种大型真菌，可食用的种类约有2 000多种，目前有100多种人工栽培成功，其中有20多种在世界范围被广泛栽培生产。我国的地理位置和自然条件十分优越，蕴藏着极为丰富的食用菌资源。据统计，迄今我国已发现食用菌资源1 000余种，其中可人工栽培的食用菌超过100种，它们分别隶属144个属、46个科。能够人工栽培的食用菌约95%属于担子菌，常见的有香菇、平菇、金针菇、双孢蘑菇、草菇、黑木耳、银耳、猴头菇、杏鲍菇、灰树花、大球盖菇等。约5%的食用菌属于子囊菌，如羊肚菌、虫草等。

1. 担子菌门伞菌纲中的常见食用菌

（1）伞菌目伞菌科伞菌属的双孢蘑菇、大肥蘑菇、姬松茸、美味蘑菇、草地蘑菇、林地蘑菇，鬼伞属的鸡腿菇，卷毛菇属的榛蘑；马勃科马勃属的黑紫马勃、网纹马勃、草地马勃等；鹅膏科鹅膏属的食用鹅膏、中华鹅膏，粘伞属的皮粘伞、白粘伞；珊瑚菌科拟锁瑚菌属的角拟锁瑚菌、红拟锁瑚菌；丝膜菌科丝膜菌属的蜜环丝膜菌、栗色丝膜菌、白柄丝膜菌，暗金钱菌属的暗褐金钱菌；粉褶菌科斜盖伞属的斜盖伞，粉褶菌属的斜盖粉褶菌；轴腹菌科蜡蘑属的双色蜡蘑；蜡伞科蜡伞属的美味蜡伞；离褶伞科丽蘑属的香杏丽蘑、紫皮丽蘑，玉蕈属的斑玉蕈（蟹味菇、海鲜菇），离褶伞属的荷叶离褶伞（鹿茸菇）；光茸菌科香菇属的香菇；黄褶菌科圆孢侧耳属的贝形圆孢侧耳；小菇科扇菇属的美味扇菇；膨瑚菌科蜜环菌属的假蜜环菌，金针菇属的金针菇，小奥德蘑属的卵孢小奥德蘑；侧耳科侧耳属的金顶侧耳、白黄侧耳、紫孢侧耳、泡囊侧耳、淡红侧耳、刺芹侧耳、阿魏侧耳、佛州侧耳、糙皮侧耳、肺形侧耳、长柄侧耳等；光柄菇科草菇属的草菇、银丝草菇；裂褶菌科裂褶菌属的裂褶菌；球盖菇科田头菇属的柱状田头菇（杨树菇）、田头菇，鳞伞属的多脂鳞伞、小孢鳞伞、翘鳞伞，球盖菇属的皱环球盖菇（大球盖菇）；口蘑科脐鸡油菌属的脐形鸡油菌；杯伞科香蘑属的紫丁香蘑、花脸香蘑；松茸科口蘑属的蒙古口蘑、松口蘑（松茸）等；美孢菌科巨大口蘑属的巨大口蘑。

（2）木耳目木耳科木耳属的木耳（黑木耳）、沙皮木耳、毛木耳、皱木耳等；胶耳科焰耳属的焰耳。

（3）牛肝菌目牛肝菌科牛肝菌属的铜色牛肝菌、双色牛肝菌、褐盖牛肝菌、美味牛肝菌、黄褐牛肝菌、削脚牛肝菌、桃红牛肝菌、紫褐牛肝菌等；乳牛肝菌科乳牛肝菌属的褐环乳牛肝菌、黄白乳牛肝菌；小牛肝菌科脉柄牛肝菌属暗褐网柄牛肝菌。

（4）鸡油菌目鸡油菌科喇叭菌属的喇叭菌；齿菌科齿菌属的美味齿菌，鸡油菌属的鸡油菌。

（5）鬼笔目鬼笔科竹荪属的短裙竹荪、长裙竹荪，鬼笔属的白鬼笔。

（6）多孔菌目灵芝科灵芝属的中国灵芝、紫芝；树花菌科灰树花属的灰树花；多孔菌科云芝属的云芝，褐暗孔菌科茯苓属的茯苓；绣球菌科绣球菌属的绣球菌。

（7）红菇目耳匙菌科小香菇属的贝壳状小香菇、北方小香菇；刺孢多孔菌科瘤孢多孔菌属的圆瘤孢多孔菌；猴头菌科猴头菌属的卷须猴头菌、珊瑚猴头菌、猴头菌；红菇科乳菇属的香乳菇、松乳菇、甜味乳菇，红菇属的大红菇、美味红菇、变绿红菇等。

（8）革菌目烟白齿菌科肉齿菌属的翘鳞肉齿菌（虎掌菌）；革菌科革菌属的干巴糙孢革菌（干巴菌）。

（9）褐褶菌目褐褶菌科新香菇属的豹皮新香菇。

2. 担子菌门其他纲中的常见食用菌

银耳目银耳科银耳属的金色银耳、黄白银耳（金耳）、银耳、茶色银耳等。

3. 子囊菌门常见食用菌

据不完全统计，子囊菌门与食用菌有关的种类有8科，即块菌科、羊肚菌科、马鞍菌科、盘菌科、肉杯菌科、肉盘菌科、麦角菌科及虫草科，其中虫草、块菌、羊肚菌等都是著名的食用菌。

（1）盘菌目马鞍菌科马鞍菌属的马鞍菌、裂盖马鞍菌；羊肚菌科羊肚菌属的梯棱羊肚菌、尖顶羊肚菌、粗柄羊肚菌、六妹羊肚菌、小羊肚菌、高羊肚菌等，钟菌属的波地钟菌、圆锥钟菌、钟菌；盘菌科盘菌属的林地盘菌，地菇属的瘤孢地菇；盘菌科星裂盘菌属的紫星裂盘菌；块菌科块菌属的黑孢块菌、辽东块菌、夏块菌、印度块菌等。

（2）肉座菌目虫草菌科虫草属的冈恩虫草、蛹虫草、蝉花虫草；线形虫草科线虫草属的冬虫夏草；麦角菌科的麦角菌。

（二）按照品种子实体特性分类

子实体是由菌丝体所产生的果实体，子实体是真菌繁衍后代的特化结构，也是人们主要食用的部分。担子菌的子实体称为担子果，是产生担孢子的结构。子囊菌的子实体称为子囊果，是产生子囊孢子的结构。常见担子菌类食用菌的子实体是由菌柄、菌盖、菌褶（或菌管）等部分组成的。

1. 菌　盖

菌盖又称菌帽，是伞菌子实体位于菌柄之上的帽状部分，是主要的繁殖器官，也是主要的食用部位，菌盖由表皮、菌肉和菌褶（或菌管）组成。菌盖形状多种多样，因食用菌种类而异，一般常见的有钟形、斗笠形、半球形、平展形、漏斗形等。菌盖颜色多样，不同的食用菌品种具有不同的颜色，常见的有白色（双孢蘑菇、白金针菇等）、黄色（榆黄蘑、黄金针菇等）、黄褐色（香菇等）、黑色（牛肝菌）、杏黄色（鸡油菌）、褐色（松塔牛肝菌）、鼠灰色（草菇）、红色（大红菇）、蓝绿色（青头菌）、紫铜色（紫芝）、杂色（花脸蘑）等。

2. 菌　褶

菌褶与菌柄的着生关系是菌褶的重要特征，常以此作为分类的依据，大致可分为4类。

（1）直生：又称贴生，菌褶内端呈直角状着生在菌柄上，如鳞伞属。

（2）弯生：又称凹生，菌褶内端与菌柄着生处呈一弯曲，如香菇、金针菇等。

（3）离生：又称游生，菌褶内端不与菌柄接触，如双孢蘑菇、草菇。

（4）延生：又称垂生，菌褶内端沿着菌柄向下延伸，如平菇。

3. 菌　管

牛肝菌和多孔菌菌盖下面向下垂直的管状结构称为菌管。菌管可长可短，与菌柄连接的方式一般与菌褶与菌柄连接方式相似。也有离生、弯生、直生和延生等方式，有的容易和菌肉剥离，菌管间也极容易相互分离。但那些不呈放射状排列而类似菌褶的，就不容易相互分离。它们的颜色多样，与菌管口部的颜色相同或不同。多数菌管管口为单孔，部分为复孔，管口圆形。菌管的特征是牛肝菌和多孔菌分类的重要依据。

4. 菌　环

在菌盖的初始发育中，其边缘和菌柄连接着，形成一层膜叫内菌幕。这层膜有厚的，有薄的，也有蛛网状的。子实体长成后，内菌幕常在菌柄上留下一个环状物，这就是菌环。依据菌环的发育形式食用菌可分为4种类型。

（1）裸果型：子实层自始至终外露，即从它开始出现时就是裸露的，没有任何组织包裹。如平菇、木耳、银耳、灵芝、灰树花、牛肝菌等。典型的例子如平菇的子实体发育，当双核菌丝发育生长达到生理成熟，菌丝开始扭结，逐渐形成粒状菌蕾堆，形似桑椹，称作桑椹期。几天后逐渐形成参差不齐的短菌柄，形似珊瑚，称作珊瑚期。其后菌柄不断加粗，并在顶端产生菌盖，随着菌盖生长，菌褶逐渐形成扩大，辐射状着生下垂，最后子实体成熟，产生孢子弹射释放。

（2）被果型：子实体有内外两层包被，产孢组织自始至终被封闭在内，直到成熟，包被破裂将孢子释放。如黑紫马勃、网纹马勃、草地马勃等。

（3）假被果型：子实层在担子果外表面形成，刚开始时表面无组织覆盖，稍后子实层被内卷的菌盖边缘或菌柄向外生长的结构所包被，呈密封状态，当担子果成熟后菌盖张开时，内菌幕伸展并随之破裂，子实层再次暴露。如牛肝菌科和红菇科的某些担子果发育属于此类型。

（4）半被果型：子实层形成于子实体内部，但在菌盖开展时，界于菌盖边缘与菌柄皮层间的基础组织，即菌盖一开始形成时就存在的内菌幕，跟不上菌盖生长速度而撕破与菌盖分离，因而子实层在成熟前不久就暴露于外。这一类在原基时是被果型的，通过发育而成为裸果型。它是大多数伞菌担子果发育的一种类型，属此型的担子果自幼被封闭，但孢子成熟时子实层裸露，如光柄菇科草菇属的草菇，伞菌科伞菌属的双孢蘑菇、大肥蘑菇、姬松茸等。

（三）依据食用菌生长条件划分类别

1. 温　度

各类食用菌营养菌丝生长的快慢，除了本身固有的生物学特性之外，通常受温度制约，它们均有各自相适应的温度范围和最适温度，这是其在长期系统发育过程中自然选择的结果。在最低生长温度与最适温度之间，真菌的菌丝生长速率随温度的上升而加快；在最适温度与最高温度之间，真菌的菌丝生长速率随温度的升高而降低。

根据食用菌菌丝体生长所需的最适温度，大致可分为3个类型。①低温型：菌丝生长最高温度为30℃，最适温度18～21℃，如金针菇、滑菇等。②中温型：菌丝生长最高温度为35～36℃，最适温度22～28℃，如香菇、双孢蘑菇、银耳、黑木耳等。③高温型：菌丝生长最高温度为46℃，最适温度28～32℃，如草菇、茯苓等。

根据子实体分化（开始出现原基）和温度的关系可把食用菌分为 3 个类型。①较大温差类型：菌丝从营养生长转入生殖生长必须有一个较大的降温幅度（8～12℃），如香菇、金针菇等。②较小温差类型：从营养生长转入生殖生长，必须有一定的降温幅度（4～8℃），如双孢蘑菇、平菇等。③无温差类型：从营养生长转入生殖生长，几乎不需要温差就能诱发子实体原基形成，如草菇等。

2. 营　养

碳素、氮素、无机盐和维生素等是食用菌所需的营养物质。食用菌最重要的营养来源是碳素，除少数碳水化合物不能被利用之外，食用菌能利用自单糖到纤维素等各种复杂的碳水化合物，包括纤维素、葡萄糖、果糖、蔗糖、麦芽糖、半乳糖、糊精、淀粉、半纤维素、木质素、有机酸、某些醇类等。氮素是食用菌合成蛋白质和核酸必不可少的主要原料，主要来自蛋白质、氨基酸、尿素、氨、铵盐和硝酸盐等。蛋白质必须经蛋白酶分解成氨基酸后才能被吸收，其他小分子氮素化合物菌丝体可直接吸收。碳和氮的比例要恰当，例如平菇培养料碳氮比以（20～30）：1为好，双孢蘑菇培养料碳氮比以（28～30）：1为好。

按照吸收营养的方式，可将食用菌分为以下 4 个类型。

（1）腐生型菌类：腐生型菌类的菌丝通过分泌各种胞外酶，将死亡的植物残体分解、同化，从中获得养分和能量。人工栽培食用菌大多数属于腐生型真菌，如香菇、黑木耳、平菇、金针菇、双孢蘑菇和草菇。根据腐生型食用菌对植物残体的嗜好不同，可分为木腐菌和草腐菌。①木腐菌在自然状态下，只生于枯死的木本植物残体上，这类食用菌可以木本植物残体作基质进行人工栽培。木腐菌主要靠分解木材中的半纤维素、纤维素、木质素、淀粉、糖及少量的氮源来获取生长能量和构成菌体结构所需要的营养物质。木腐菌的主要种类包括侧耳科、木耳科、银耳科、灵芝科等种类。常见栽培食用菌如香菇、平菇、金针菇、木耳、灵芝等都属于木腐菌。②草腐菌在自然状态下，是以厩肥、草、作物茎秆、腐殖质等作为营养原料的菌类。这类菌人工栽培时，只可使用草本秸秆，而不能利用木质材料（如木屑、原木等）。常见的草腐菌有草菇、双孢蘑菇、大球盖菇等。

（2）寄生菌类：寄生菌类以活的有机体为营养源，在食用菌中主要是虫草菌类，如冬虫夏草、蛹虫草、蝉花等。寄生菌类人工栽培主要是采取菌丝体发酵的方法，固体栽培获得子实体比较困难。近年来，用禾谷类种子人工栽培蛹虫草已获得子实体，并形成了规范技术，这是人类在寄生菌驯化上的重大突破。

（3）兼性寄生菌类：以腐生为主要营养方式，同时在一定条件下也可寄生的种类为兼性寄生菌。例如，蜜环菌在自然界腐生于枯木上，在腐生条件下完全可以完成其生活史。同时，又可寄生于兰科植物天麻。由于蜜环菌与天麻的互利生存关系，也有人将其收入共生菌类。

（4）共生菌类：共生菌类不像上述各类菌那样，有了适宜的基质就可以生长至完成生活史。食用菌某些种类和某些动物、某些植物及真菌之间都存在着共生现象。例如，菌根菌必须与植物的根共生形成菌根，才能形成子实体完成生活史。特定树种根系与菌根菌的菌丝紧密包围在根毛外周，形成菌套，菌根菌不侵入根的内部细胞，在根细胞间隙中蔓延生长为外生菌根。外生菌根取代了植物根系根毛的作用，扩大了根毛吸收面积，同时，菌根菌能分泌生长素，被植物吸收利用。植物也为菌根菌提供营养物质。菌根是菌根菌与植物根系结合形成的共生体。食用菌和植物的根系形成的菌根共生型食用菌有块菌、大红菇、鸡油菌、牛肝菌、松乳菇等，它们和一定植物的根系形成共生关系（云南省雨季在林区内采摘的食用菌90%以上的品种属于与植物根系共生的食用菌）。在食用菌中非常有趣的是鸡枞菌发生地下必有白蚁窝，这是很典型的与动物共生的现象（鸡枞菌和土栖性白蚁共生，成为其白蚁巢的组成部分，待温度、湿度合适，长出子实体）。共生菌类与植物和动物的生理关系是互惠互利，一般较难进行人工栽培。其主要包括牛肝菌科的牛肝菌属，乳牛肝菌科的乳牛肝菌属，小牛肝菌科的脉柄牛肝菌属，红菇科的红菇属、乳菇属，丝膜菌科的丝膜菌属，鸡油菌科的鸡油菌属和喇叭菌属等的部分种。

二、产地环境与生产设施

（一）产地环境

食用菌生产厂区多选择在地势平坦、排灌方便、距离市场较近、原材料供给方便、外界温度接近适宜栽培品种生长的地方，厂区附近3千米以内无工矿企业污染源，1千米以内无生活垃圾堆放和填埋场、工业固体废弃物与危险废弃物的堆放和填埋场等。栽培环境应洁净、密闭，可对温度、湿度、光照、通风等栽培条件进行调控。

（二）生产设施

1．木腐菌生产设施

拌料设备

食用菌搅拌机（图2-1）可用于混合物料，采用数控控制、自动加水、自动计数、自动搅拌、自动输送、自动回料，使培养料更均匀。适用于食用菌生产的原料拌料作业，大小为1.2～20米^{3}不等。

输送带与搅拌机和装袋（瓶）机配合使用，组合成由拌料至装袋的一套系统，原材料经两次搅拌后直接传入装袋机（图2-2）。

图2-1　搅拌机

图2-2　搅拌、装袋生产线

装袋设备

装袋设备有八孔位、双冲压、转盘式、全自动式装袋机。

中小型企业可以选用双冲压装袋机，搅拌后的培养料通过提升机，源源不断地送入上方分配槽，槽内有两支绞龙，正反向运行，避免培养料堆积。分配槽下方有多个出料口，通过调节活动插板的间隙可控制落料多寡，料落入有8个工位的旋转打包机料斗内，开机时转盘旋转，各工位功能各不同。工人将塑料薄膜袋套在落料套筒上，机器转换工位，依次完成抱夹、落料、插棒、第一次预压、第二次压紧、提插棒等机械动作，完成填料工序。填料效率为每小时1 200包（图2-3）。

图2-3　冲压式装袋机流水线

大型食用菌企业可选用全自动装袋机（图2-4）。全自动短袋装袋机将成叠薄膜袋置于专用放袋槽内，机械操作手将薄膜袋撑开，套入下料筒外侧，完成下料、插棒、预压、冲压、出袋等装袋工艺，然后进入套环压盖装筐联合机。当料袋到达指定位置后，机械操作手将料包送到捋袋口工位捋直袋口，然后至其他工位进行束口、上套环、翻袋口、袋口定型及塞塑料塞作业，随之完成单个料包打包。之后传送入装筐工位，每4包为一组，由机械操作手自动取包、装筐，装满一筐后，由输送带送至上筐机工位。随后上筐机自动送入灭菌小车层架内，至此完成全自动打包工序（图2-5）。多条全自动打包线仅需要1名员工检查及修正料包是否达到规定的标准。填料效率为每小时1 200包。

图 2-4 全自动装袋机流水线

图 2-5 全自动装袋机流水线与上筐机

长棒全自动打包设备采用现场自动割袋（长度可调整），热熔封口；利用智能机械手准确实现双层精准定位套袋；采用旋转成横向螺杆挤压出料，避免表面产生微孔。工作效率为每小时600～1 000袋。如果仅是使用单层套袋，生产效率还会大幅度提高。通过更换不同尺寸的配件，可实现料棒在对折径150毫米和220毫米间切换。采用整卷"U"形铝扣扎口，可省去人工频繁增补铝扣。外加打孔结构，避免料棒灭菌过程中产生胀袋现象。其适用于香菇、黑木耳、猴头菌等料棒培养料充填（图2-6和图2-7）。

装瓶设备

装瓶设备是瓶栽食用菌生产的必备设备，根据生产厂家的不

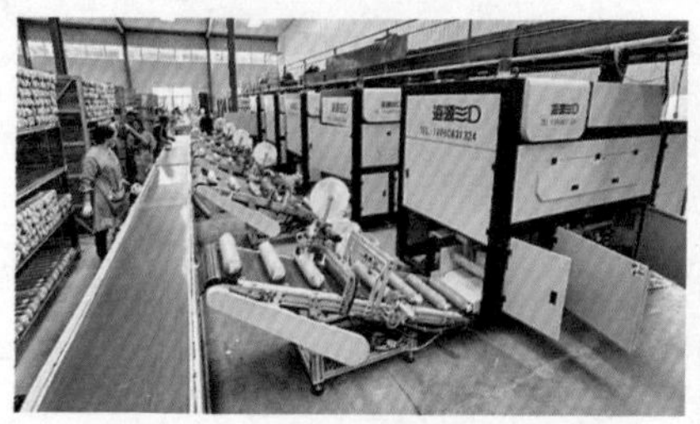

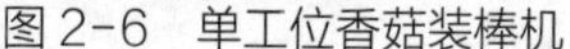
图 2-6　单工位香菇装棒机

图 2-7　双工位香菇装棒机

同，效率一般为4 000 ~ 12 000瓶/小时，装料量及装料高度可调，前后端可以配套传送带或机械手提高生产效率。设备工作流程：菌瓶筐输送→菌瓶筐定位→菌瓶筐套板→均料布料喂料装瓶→打孔压实→脱板回收→菌瓶筐输送，各个环节均为自动化作业。装瓶机自动送筐段将空瓶送入装瓶段，装瓶段将搅拌好的培养料装入栽培瓶内并初步压实，打孔段将栽培料进一步压实并在中间打一个或多个接种孔，扣盖段将装瓶完毕的栽培瓶扣盖（图2-8）。

图 2-8　装瓶流水线

灭菌设备

一般来说，灭菌是木腐生菌生产中极其重要的一个环节，通过常压或者高压的方式将菌包内的微生物杀灭。常压灭菌主要适合低海拔地区的农户栽培，一次性投入很低，运行成本较高，耗时很长；高压灭菌相对于低压灭菌，一次性投入较高，但运行成本低、耗时短、周转率高。

（1）常压灭菌设备：为节省成本，一般使用自制的蒸汽发生器，也可以购买常压锅炉供气，常压灭菌要注意菌包的摆放，需要留出蒸汽流通的缝隙，要尽量缩短拌料到灭菌的时间。在刚开始灭菌时，要用最猛烈的火力，要求3～4小时使料堆内的温度上升到100℃，防止培养料的酸化，保持菌包中心温度100℃时间16小时以上，灭菌结束后继续闷6小时以上，既可利用余热继续灭菌，也防止由于温差过大而倒吸，导致污染（图2-9）。

常压灭菌包的码垛方式

使用中的常压灭菌包

图2-9　农法生产用常压灭菌

（2）高压灭菌设备：目前使用的高压灭菌设备多数为双开门，外门处于装袋区，内门处于冷却区，中间由彩钢保温板相隔，灭菌车由外门推入，关门后进行灭菌，灭菌结束后由内门拉出，直接进入冷却区，减少了污染概率。高压灭菌效率较高，一般从进锅到出锅不超过6小时，大大提高了设备的利用率。高压灭菌设备一般需要配套高压蒸汽锅炉，也有少数厂家生产一体式设备（图2-10）。

燃气式高压蒸汽锅炉

方形高压灭菌锅

图2-10　高压灭菌锅炉组合

冷却设备

灭菌后菌包的冷却可以自然冷却，但时间需要很久，为缩短冷却时间，也可以加装制冷机后强制冷却。由于灭菌后的菌袋温度十分高，冷却过程中会吸入大量的外界空气，为了避免吸入杂菌而发生污染，要求菌包透气盖或棉塞要紧实，冷却室内要始终保持洁净，现代化企业需要加装空气处理设备保持冷却室内正压、无菌（图2-11）。

图2-11　冷却室

接种设备

根据栽培模式及规模的不同、接种的方式也不相同，生产量较小并且预算较低的短袋栽培一般使用接种箱操作，规模比较大的短袋栽培一般在净化车间的传输带上操作，长棒的接种一般是在临时搭建的接种帐内几人配合操作。

（1）接种箱是为接种创造局部无菌空间、满足无菌操作要求的专用简易设备。整个接种箱应尽可能做到严密，并安放在专用无菌接种室内（图2-12）。接种箱通常采用紫外灯照射和杀菌剂熏蒸或喷洒杀菌，效果很好，但接种批量小、速度慢。

图2-12　接种箱

（2）接种流水线适合于大中型食用菌企业，整个接种流水线置于接种室内（图2-13）。接种室一般净化等级为万级，接种设备上方安装百级层流罩。

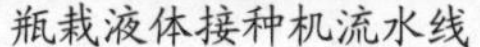
瓶栽液体接种机流水线　　液体手工接种流水线

图 2-13　液体菌种接种线

（3）发酵罐用于食用菌液体菌种生产，一般分为中式发酵罐和韩式发酵罐，中式发酵罐可以实现原位清洗、加料、加液、灭菌、培养、接种等流程；韩式发酵罐则需要在加料、加液后推入高压灭菌锅内灭菌，然后再推入专门的发酵罐培养室内接种、培养。两种发酵罐发酵过程均需要使用洁净空气，即空气经过空压机压缩后，经除油、除水、过滤后通入发酵罐内供菌丝生长（图2-14）。

中式发酵罐　　韩式发酵罐　　液体菌种发酵空气处理系统

图 2-14　液体菌种发酵罐及空气处理系统

栽培床架

为了达到提高栽培密度，针对食用菌菌丝蔓延、出菇温度比较窄特性，所以规模化栽培一般都采用床架培养和出菇，床架的样式及材质根据栽培品种及投资的不同有较大区别（图2-15）。杏鲍菇栽培主要使用网格层架，栽培包直接插入网格之中，具有结构简单、价格低、子实体生长一致的优点。金针菇、蟹味菇等品种的栽培主要使用的热镀锌床架，镀锌床架可根据栽培工艺不同，选择固定式或移动式。近些年国内新建的大型香菇工厂均选用借鉴了杏鲍菇网格架模式的移动式网格培养架，培养时可两层堆叠。大型袋栽食用菌工厂的菌包培养架多选用（热）镀锌培养架，多层堆叠培养。

角铁焊接网格架

瓶栽热镀锌出菇架

香菇菌棒培养网格架

香菇出菇架

移动式培养架

移动式出菇架

图 2-15　常见的栽培床架

环境调控设备

为提高每年的复种率及提高产品质量，在库房内加装的调控设备主要有制冷机和加湿器，分别用于控制库房内的温度和湿度（图2-16）。

风冷制冷机外机

水冷制冷机组

超声波加湿器

高压微雾加湿器

图 2-16　常见的制冷机和加湿器

照明设备

根据栽培品种及模式的不同，对光线的需求也不同，蟹味菇、白玉菇等品种要求较强的光线，其他品种则要求相对较弱的光线。随着光源技术的进步，现在以LED光源为主，具有高效节能、超长寿命等优点（图2-17）。

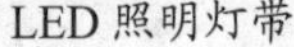

LED 照明灯带

LED 照明灯管栽培的金耳

图 2-17 LED 照明设备

2. 草腐菌生产工艺与设施

准备秸秆，进行解捆预湿（图2-18），等1～2天后，秸秆吸水升温开始发酵至45℃以上。将鸡粪、石膏及其他辅料提前使用装载机混合（图2-19）。

图 2-18 预湿

图 2-19 堆料

一次发酵

通过混料线将秸秆、鸡粪、石膏和辅料进行混合，并通过传送带，用顶端填料机（天车）均匀填入1条一次发酵隧道内（图2-20和图2-21）。然后使用控制系统控制风机对隧道内的培养料进行间歇性地补充新鲜空气，帮助培养料快速发酵。其间培养料温度会升至75℃以上。每隔3天左右，对培养料进行转仓，使其发酵更加均匀，并补充水分。发酵期间会产生部分氨气，多余的水分会通过底部的聚氯乙烯（PVC）管回流至污水池，可用于秸秆预湿。一次发酵12～14天。

混料线

①顶端填料机（天车）；②传送带

图2-20　混料设备

隧道风机及多歧管

底部PVC管

图2-21　一次发酵隧道

二次发酵

通过转仓料斗、传送带和二次进料卡塞将一次发酵后的培养料填入3条二次发酵隧道（图2-22）。二次发酵隧道为封闭式隧道，须一直保持干净，新风会经过滤网过滤后送入隧道内。通过控制系统控制隧道内的温度、湿度、氧气含量，对培养料进行平衡、升温。之后控制58℃、8小时给培养料进行巴氏消毒。然后降温，控制在48℃左右对培养料进行转氨，逐渐将氨气含量降至5毫克/千克以下，以适合菌种在培养料上进行发菌。二次发酵5～6天。

转仓料斗

风机及控制系统

①二次进料卡塞；②隧道拉网机＋下料带＋播种传送带

图2-22　二次发酵相关设备

三次发酵（发菌）

通过隧道拉网机将发酵好的二次培养料拖出，播种，通过传送带和二次进料卡塞将培养料填入三次发酵隧道进行发菌（图2-23）。通过控制系统控制将培养料维持在25℃左右，16～18天。当菌丝长满培养料，三次发酵完毕。通过隧道拉网机和传送带将培养料填入运料车。

隧道拉网机＋下料带＋辅料传送带

运料车

图2-23　三次发酵相关设备

出　菇

通过三次发酵料上料机将培养料和草炭土同时填入菇房菇架上（图2-24）。之后通过控制系统和空调（图2-25），控制菇房环境的温度、湿度、风速、CO_2，使菌种爬至土表并催蕾扭结。栽培架有移动式和固定式（图2-26）。一般18天后可以开始采摘第一潮蘑菇，一共可以采收3潮蘑菇，每潮采收时间7天左右。之后通过蒸汽对菇房进行高温消毒灭菌。最后用出料机将废料拖出还田。菇房种植周期约42天。

图2-24　菇房三次发酵料上料机（左）和菇架（右）

图 2-25　菇房控制系统和空调

固定式栽培架

移动式栽培架

图 2-26　常见的栽培床架

3. 其他仪器设备

其他常见的检测仪器和培养设备如图2-27所示。

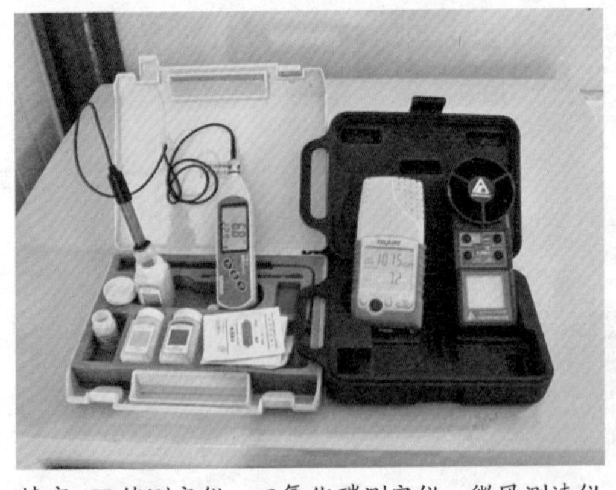

精密 pH 值测定仪、二氧化碳测定仪、微风测速仪

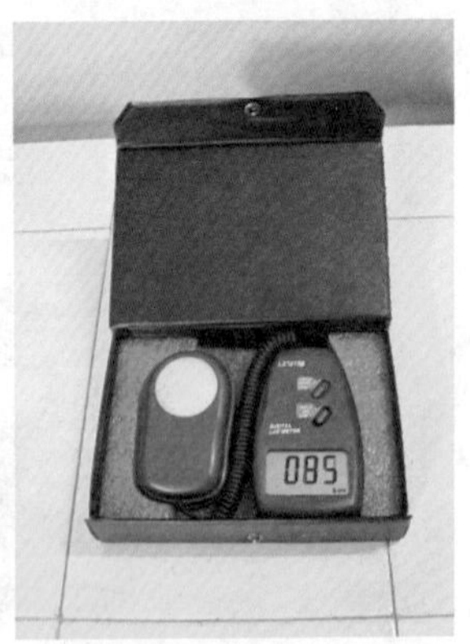

光照度计

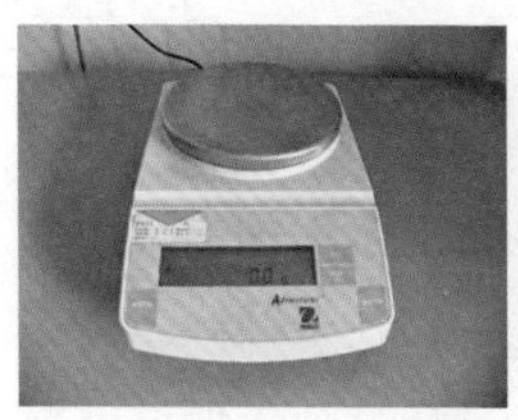
电子天平

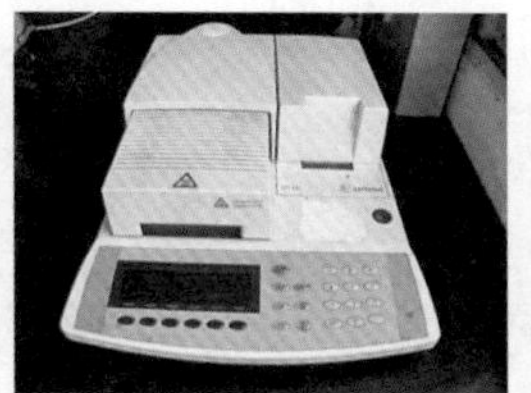
含水量测定仪

培养箱

图 2-27　常见的检测仪器和培养设备

三、原辅料

培养料是食用菌赖以生存和繁殖的基础，培养料的种类、配比对食用菌的生长发育具有重要作用，培养料的颗粒度、含水量和酸碱度等理化特性，也是影响食用菌生长的重要因素，对食用菌产量和质量均有较大的影响。此外，原辅料的质量也影响食用菌生长速度和产量，在食用菌生产过程中，常有因原辅料质量问题导致不出菇、畸形菇等情况发生，造成减产，甚至绝收。食用菌原辅料应符合《绿色食品　产地环境质量》（NY/T 391）的要求（表2-1）。

表 2-1　食用菌栽培基质要求

项目	指标（毫克 / 千克）	检测方法
总汞	≤ 0.1	GB/T 22105.1
总砷	≤ 0.8	GB/T 22105.2
总镉	≤ 0.3	GB/T 17141
总铅	≤ 35	GB/T 17141

（一）木腐菌类常用原辅料

1. 木　屑

木屑是食用菌栽培中最主要的碳源之一，不同的食用菌降解能力存在差异，需要不同种类的木屑（图2-28）。栽培周期长的菌类，应选择硬质、木质素含量高的树种，栽培周期短的菌类，则应选择软质树种。例如，壳斗科、桦木科和金丝桃科等树种的木屑适合栽培香菇，枫香、杨木等软质树种的木屑适合栽培金针菇和杏鲍菇，经过长期喷淋、堆积发酵的松、杉等针叶林树种的木屑可以用来栽培海鲜菇和绣球菌等食用菌。

木屑在栽培过程中主要起提供碳源、填充剂、保水剂和调整孔隙度的作用。根据生产需要将木屑粉碎成不同的颗粒度大小，为防止刺破菌袋导致污染，木屑颗粒要求大小均匀，一般要先过筛。为了使培养基的孔隙度更加合理，有的厂家使用不同粗细的木屑搭配，但要恰当。如果细木屑所占比例太大，培养料的空隙度就很小，会使菌丝生长减缓，延迟菌丝发菌时间，从而影响菇蕾的分化和菇体发育；如果粗木屑所占比例太大，空隙度增加，会形成很多蒸发通道，致使培养料容易失水，影响菌丝体和子实体生长发育，从而影响食用菌的产量和质量，此外，木屑颗粒度过大，菌丝降解吸收时间长，会延长发菌和出菇周期。

作为栽培主材料之一，由于受到主客观因素的影响，木屑含水量差异极大，故多以立方米计价。

堆场中的木屑

生产用木屑颗粒

图2-28　木屑原料

2. 玉米芯

玉米芯也叫玉米轴，是玉米果穗脱去籽粒的穗轴，既是很好的碳源又是氮源，含糖分比较高（图2-29）。近年来，在食用菌栽培上得到广泛利用，尤其是在金针菇、杏鲍菇栽培上，部分或完全替代木屑和棉籽壳，成为栽培主料。

玉米芯商品包装

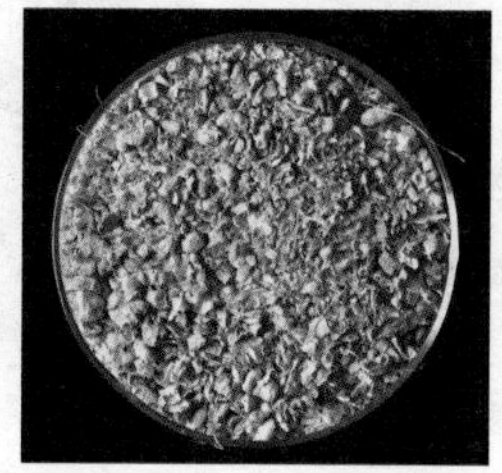

生产用玉米芯颗粒

图 2-29　玉米芯原料

玉米芯组织疏松为海绵状，通气性较好，但间隙偏大，吸水性高达75%。玉米芯破碎加工前，应暴晒至足干。玉米芯粉碎方法主要有捶打式和切片式，通过直接捶打加工成的玉米芯颗粒差异度较大，直径1～8毫米；通过先切片再捶打加工成的玉米芯颗粒差异度较小，直径2～6毫米，并且吸水性好于直接捶打加工方式，更易于灭菌彻底。采购玉米芯原料时要防止掺杂玉米秸秆粉碎物。

玉米芯颗粒大小差异较大，2～6毫米直径比较合适，颗粒小于2毫米的不超过30%，否则对产量影响显著。大颗粒的玉米芯在短时间内难以预湿充分，容易导致灭菌不彻底，引起污染。工厂化生产中，为使玉米芯能够湿透，常采用先预湿搅拌20分钟，再和其他辅料一起搅拌的方法。夏季，可采取浸泡过夜预湿，为防止玉米芯预湿后酸化影响灭菌效果，常添加1%的石灰以调节pH值。

3. 甘蔗渣

甘蔗渣是甘蔗经压榨机将蔗汁榨出后剩下的残渣，是制糖工业的主要副产物，每生产1吨蔗糖就会产生2～3吨甘蔗渣。甘蔗渣呈灰黄色到淡绿色，含有丰富的纤维素和糖分，纤维素占甘蔗渣总干质量的30%～40%，半纤维素占20%左右，多缩戊糖占

20%～30%，可为食用菌提供碳源（图2-30）。甘蔗渣具有较高的孔隙度和持水力，在食用菌栽培中已得到广泛应用。甘蔗渣偏酸性，在培养料配制过程中可添加石灰调节pH值。甘蔗渣生产具有季节性，需要存贮。购买来的甘蔗渣先用破碎机破碎，充分预湿后建堆发酵，上部覆盖一层木屑，避免甘蔗渣出现链孢霉，污染环境。

堆场中的甘蔗渣

粗甘蔗渣

图 2-30　甘蔗渣原料

4. 棉籽壳

棉籽壳是棉花加工后的下脚料，由籽壳和附着在籽壳上的短棉绒，以及少量混杂的棉籽仁组成（图2-31）。棉籽壳含有5%～8%的粗蛋白，35%～40%纤维素，其结构疏松，孔隙度高，且保水性较好，是非常理想的食用菌栽培原材料。棉籽壳含有棉酚，对菌丝

袋装棉籽壳

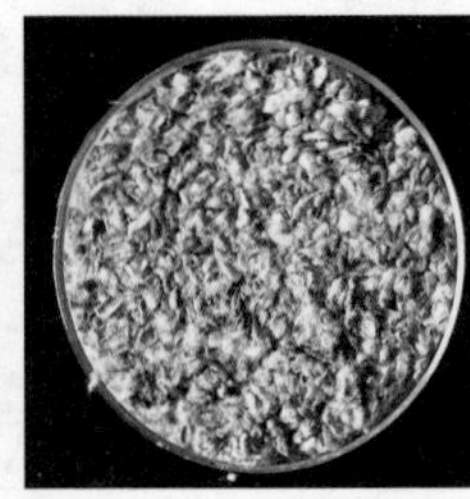

生产用棉籽壳

图 2-31　棉籽壳原料

有一定的毒害作用，配方中添加8%～20%为宜，添加超过25%会导致发菌异常和出菇畸形。近年来发现有些棉籽壳中农药残留较高，影响菌丝蔓延并会造成食品安全问题。梅雨季节，棉籽壳极易发生螨害，往往随着人员走动而扩散，造成大面积污染。

受市场影响，棉籽壳价格波动大。要选择含绒量多、无明显刺感的棉籽壳，并力求新鲜、干燥、颗粒松散、色泽正常、无霉烂、无结团、无异味、无螨虫、无混杂物。

5. 麸　皮

麸皮是小麦加工面粉后得到的副产物，主要由小麦的皮层和糊粉层组成（图2-32）。麸皮中含有较丰富的碳水化合物、蛋白质、淀粉酶系、维生素和矿物质等，在食用菌栽培中常作为氮源被广泛使用，其蛋白含量比米糠和玉米粉高。小麦麸皮的主要营养成分有粗蛋白12%～18%、粗纤维5%～12%、粗脂肪3%～5%、淀粉10%～15%、灰分4%～6%、膳食纤维30%～50%。

麸皮作为常用的原料，掺假现象也比较严重，常掺有滑石粉、稻糠等杂质。选用麸皮时要尽可能保证其新鲜度和质量稳定，最好直接向面粉厂订购，避免因为麸皮质量问题导致产品产量和质量下降。

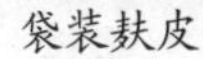
袋装麸皮

生产用麸皮

图2-32　麸皮原料

6. 米　糠

米糠俗称细糠、青糠，是稻谷脱壳后精碾稻米时的副产物（图2-33）。在糙米生产过程中，米粒从谷壳中剥离出，米粒外表有淡茶色的皮层，进一步精米加工，将茶色的皮层剥离出来，即成米糠（含有胚芽），混有少量碎米。米糠中油脂的含量为14%～24%，蛋白质为12%～18%，无氮浸出物为28%～43%，水分为7%～14%，灰分为8%～12%。此外，米糠中还富含矿物质、B族维生素和维生素E等，在食用菌栽培中既是碳源又是氮源。

图 2-33　米糠原料

米糠脂肪含量高，且大多为油酸及亚油酸等不饱和脂肪酸，容易被脂肪酶分解生成酸性的甘油、磷酸、脂肪酸和胆碱，使米糠氧化酸败。因此，米糠一般就近从本地米厂购买，短时间内使用完，不能储存时间过长，每天检查，发现发热、霉变必须及时处理。质量好的米糠色泽新鲜一致，无发热酸败、霉变、结块、虫蛀及异味，具有淡淡的清香味，颗粒度20目以上不超过10%，口感发甜，入口即化无残渣，不掺有粗糠和其他杂质。

7. 豆　粕

豆粕是大豆经过提取豆油后得到的一种副产品（图2-34）。豆粕一般呈不规则碎片状，浅黄色至浅褐色，颜色过深表示加热过度，太浅则表示加热不足。新鲜豆粕具有烤大豆香味，没有酸败、霉变、焦化等异味，也没有生豆腥味。

袋装豆粕

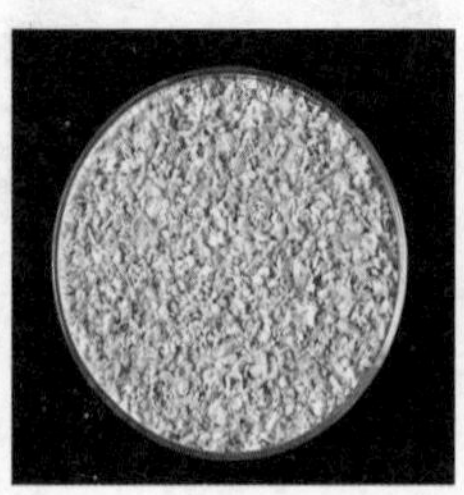

粗豆粕

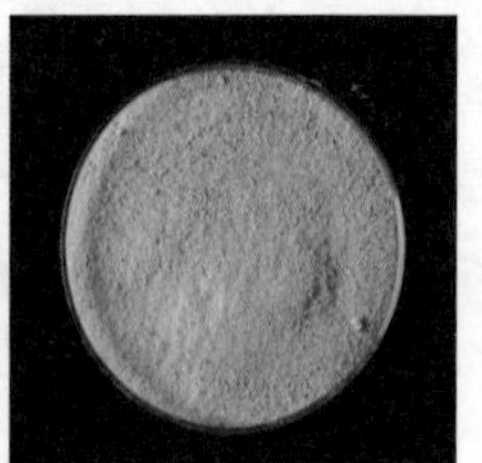

细豆粕粉

图 2-34　豆粕原料

豆粕中粗蛋白含量高达40%以上。在杏鲍菇栽培中添加豆粕，可缩短栽培周期，提高杏鲍菇产量和质量，从而得到广泛应用。生产中，豆粕添加量一般为5%～10%。一般厂家购入豆粕后自行粉碎为豆粕粉，有利于菌丝消化吸收，提高利用率。

8. 玉米粉

玉米粉由玉米直接研磨而成，颜色淡黄，口感发甜，入口即化（图2-35）。玉米粉含氮量为1.3%～1.5%，低于米糠、麸皮和豆粕，因此配方中添加玉米粉不是为了增加配方含氮量，而主要是利用其生物素H。研究认为，玉米粉内含有的生物素H，能延缓菌丝细胞的衰老，使栽培包有"后劲"，在不少菌类的栽培中常作为增产剂而得到广泛使用。

玉米原料

粉碎机

玉米粉

图2-35　玉米粉及其加工原料和设备

生产中，尽量购买玉米颗粒自行粉碎。一方面，可以保证玉米粉颗粒度，粉碎越细越有利于利用生物素H；另一方面，可以保证玉米粉质量，玉米颗粒质量很容易通过感官评价，而玉米粉质量却很难通过感官评价。由于玉米粉在储存过程中容易氧化变质，粉碎后宜短时间内使用完毕，避免积压。使用时，与米糠、麸皮和豆粕粉等辅料一样，应先将玉米粉和其他原材料干混均匀，再加水搅拌，调节含水量。玉米粉添加量一般2%～5%为宜，添加过量会延长食用菌营养生长阶段，推迟出菇。

（二）草腐菌类常用原辅料

1. 稻　草

稻草是我国产量最大的农作物秸秆，每年产量达1亿多吨，也是不可忽视的可再生资源，由于其分布零散、运输成本高、经济利用性差，导致大量稻草未被利用而造成浪费，不仅造成环境污染，还影响人们的生产生活。我国稻草资源主要流向：15%用于还田，2.3%用于工业化生产，有近60%用于薪柴和露地燃烧，因此，利用稻草栽培食用菌具有巨大的应用潜力。稻草中含有灰分13.4%、1%NaOH抽出物45.3%、苯—醇抽出物3.6%、木质素11.7%、聚戊糖22.5%、硝酸乙醇纤维素39.1%。

与木材相比，稻草中半纤维素、灰分含量较多，木质素含量较低。以中、晚稻草为优，早稻草次之。中、晚稻草质地较粗硬，栽培时产菇期长，产量也较高。用于栽培的稻草应新鲜、干燥、无霉变，稻草要堆结实，经常检查，防漏雨、防水浸、防霉烂。稻草预处理的好坏是栽培能否成功的关键，预处理的方法有两种，一种是堆置发酵，一种是用生石灰水浸泡消毒。

2. 麦秸秆

麦秸秆主要成分是纤维素、木质素和多戊糖，蛋白质含量低。麦秸秆外表面组织致密且光滑，积聚着大量的二氧化硅和栓质细胞，纤维素和半纤维素较少，对微生物侵入有一定的防护作用。麦秆通气性好，但秆较硬，蜡质层厚，腐熟较慢。麦秸秆应晒干，干燥贮存。麦秸秆含有纤维素40.40%、半纤维素25.56%、木质素22.34%、果胶0.87%、蜡质23.15%、灰分6.04%、水分10.65%。

3. 废　棉

废棉是棉纺厂、轧花厂、弹花厂等废弃的下脚料，包括废棉纱线及回收纤维，含有破碎的棉籽仁和棉籽壳。废棉中含粗蛋白7.9%、粗脂肪1.6%、粗纤维38.5%、可溶性碳水化合物30.9%、灰分8.6%，含水量一般为12.5%。栽培时要选用新鲜、无霉变、未受雨淋的废棉，如在室外，必须在地势高的地方堆放，并覆盖薄膜防止淋湿。室内堆放要通风透气，最好架空，栽培前最好放在太阳下暴晒两天。

4. 食用菌菌渣

菌渣是食用菌栽培过程中收获产品后剩下的培养基废料（图2-36）。很多食用菌生产地区，由于缺乏对菌渣的循环再利用方法，一般燃烧或者随处丢弃，一方面造成了菌渣资源的浪费，另一方面更是给生产地的环境带来了严重的污染。

食用菌菌渣的成分虽然受食用菌种类、栽培配方以及出菇次数和数量的影响，但栽培后培养料内还含有许多没有被利用的营养成分。根据研究结果发现，培养料经过菌丝分解利用后，虽然纤维素、半纤维素和木质素均被不同程度降解，但是菌渣中仍含有丰富的蛋白质、纤维素、糖类、有机酸类、氨基酸、酶和生物活性物质，可被菌丝吸收利用，从而促进菌丝迅速生长。此外，菌渣的吸水性和物理性状都比原始培养料好，更有利于菌丝的生长。目前，在我国的部分地区菇农已利用杏鲍菇、金针菇菌渣来栽培草菇和双孢蘑菇，一方面，降低了生产成本，提高了经济效益，另一方面，还提高了菌渣的利用率，降低了对生产地区周边环境的污染，有利于环境的改善。

图2-36　杏鲍菇菌渣

使用菌渣作为食用菌再生产的配料，首先，要合理选择二次栽培的菌类，以充分利用培养料中的营养物质；其次，要进行严格灭菌，以免造成二次污染；最后，为了达到最佳的利用效果，对于不同菌类的合理添加配方还须进一步研究。

5. 粪　肥

粪肥是指畜禽养殖中产生的排泄物，含有丰富的有机质和各种营养元素。我国畜禽粪便产生量很大，每年产生的量约为17.3亿吨，其中，牛粪10.7亿吨，猪粪2.7亿吨，羊粪3.4亿吨，家禽粪1.8亿吨。目前，菇农主要利用牛粪和鸡粪栽培双孢蘑菇。

新鲜牛粪中含干物质22.56%、粗蛋白3.1%、粗脂肪0.37%、粗纤维9.84%、无氮浸出物5.18%、钙0.32%、磷0.08%。风干牛粪中含粗蛋白13.74%、粗脂肪1.65%、粗纤维43.6%、无氮浸出物22.94%、钙1.40%、磷0.36%。牛粪的有机质和养分含量在各种家畜中最低，质地细密，湿牛粪含水较多，应晒干使用。

鸡粪含有丰富的营养成分，包含干物质89.8%、粗蛋白28.8%、粗纤维12.7%、可消化蛋白质14.4%、无氮浸出物28.8%、磷2.6%、钙8.7%。

6. 覆土材料

覆土是双孢菇栽培过程中非常关键的技术环节。覆土可防止培养料中的水分过度蒸发，稳定培养料的湿度；改善培养料的通气状况，促使菌丝体从营养生长转入生殖生长；对菇体起到支撑作用。覆土层中有一种球形菌丝微生物，它能利用双孢蘑菇菌丝体产生的挥发性代谢物大量繁殖，这些微生物又产生许多能刺激双孢蘑菇原基形成的激素类物质，从而促进双孢蘑菇子实体的大量形成。

理想的覆土材料应团粒结构好、孔隙多、保水力强、持水率高、pH值适中、病虫杂菌少。不同的覆土材料因其孔隙度、持水率、盐浓度、pH值、微生物群落等存在差异，从而对食用菌原基形成和子实体生长发育产生不同程度影响，最终影响着食用菌产量、质量和整齐度。

砻糠河泥做覆土材料，成本低，具有持水性较强、通气性较好的特点。但河泥本身黏性重，容易闭塞，而且由于河道污染严重，河泥中积聚的病虫源和重金属等有害物质直接影响了食用菌的产量和质量。

泥炭土具有良好的团粒结构，含有大量腐殖质，并且质地疏松、持水力高、通气性能好、容易消毒，是较为理想的覆盖土材料，用泥炭土作覆土材料可比单纯用田园土或砻糠细土增产20%左右，而且能提早出菇3～4天，出菇的密度也较大。由于国内泥炭土资源相对有限，大量使用泥炭覆土，成本较高，可将泥炭与其他土壤、砻糠按一定比例混合，再选用适当的覆土方式，使食用菌人工栽培达到高产优质。

（三）其他原辅料

1. 石　灰

石灰分为生石灰和熟石灰，生石灰吸水或潮湿后变成熟石灰，呈粉状结构，又叫氢氧化钙。用于食用菌生产的主要是生石灰（图2-37）。配料时一般添加1%～5%，除用于补充钙元素和调节pH值外，还具有降解培养料中农药残留的作用。此外，生石灰还常常用作消毒剂、杀菌剂和防潮剂，被誉为食用菌栽培的“万金油”。

不同的菌类耐酸碱性不同，所以石灰的添加量也不同。喜酸性菌（如猴头菇、香菇等）的生产一般不添加石灰。添加石灰的菌类，不同的季节添加量也不同，夏季温度高，培养料在搅拌过程中容易酸化变质，石灰添加量要增加，反之，冬季石灰添加量要减少。

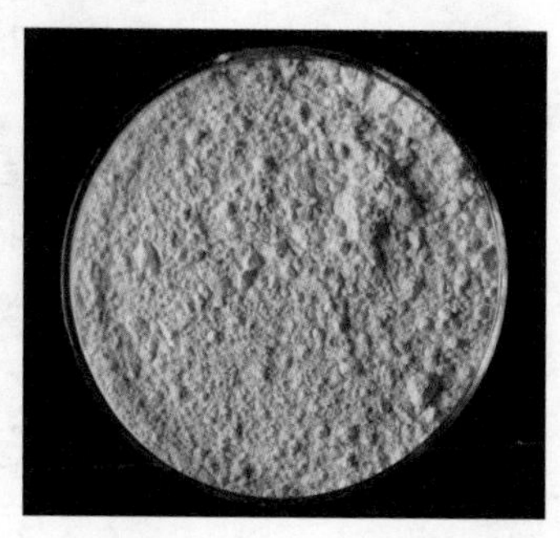

图 2-37　生石灰

2. 轻质碳酸钙

轻质碳酸钙（图2-38）的化学式为$CaCO_3$。碳酸钙难溶于水，但不稳定，摇晃或加热时，分解成CO_2和CaO，溶液氢氧根较多，所以碳酸钙水溶液呈弱碱性。菌丝生长过程中会产生酸性物质，碳酸钙极易与酸性物质发生化学反应，中和酸性物质，使培养料的pH值不会下降过低。此外，菌丝生长产生的CO_2，被碳酸钙吸收生成碳酸氢钙，从而不断为菌丝生长提供钙元素。近年来，有些企业使用贝壳粉代替轻质碳酸钙，其主要成分碳酸钙含量为90%～95%，另外含有机质0.9%，蛋白质1.64%，还含有磷、锰、锌、铜、铁、钾、镁等丰富的矿物质。贝壳粉具有缓释效果，能更好地调节pH值，已在金针菇生产中的得到应用。

图 2-38　轻质碳酸钙

3. 石　膏

石膏是单斜晶系矿物，主要化学成分为硫酸钙（$CaSO_4$）的水合物，石膏含钙量为20%～28%，含硫量为16%～22%。石膏除了可直接补充食用菌生长所需要的硫、钙等营养元素，还具有调节培养料理化结构的作用。在食用菌培养基中推荐使用的是生石膏，其添加量为1%～3%，颗粒度80～100目（图2-39）。

袋装石膏

石膏粉

图 2-39　石膏原料

4. 其　他

在实际生产中，应因地制宜，可根据当地现有的农作物下脚料选用，有些地区也使用桑树枝、苹果枝、芦苇、橡草、玉米秸秆、大豆秆、甜菜渣、大豆皮等材料栽培食用菌，具体使用时要注意其在配方中的比例，使培养料营养比例、持水力和孔隙度等因素适合所栽培的食用菌种类。

四、生产管理重点

食用菌的栽培主要分为两种，一种是木腐菌栽培，包括香菇、黑木耳、平菇、金针菇、杏鲍菇、真姬菇等，是最常见的食用菌的栽培方式，占食用菌栽培量的绝大多数；另一种是草腐菌栽培，包括双孢蘑菇、草菇等。

（一）木腐菌生产管理重点

木腐菌根据不同的品种，有不同的栽培方法，有袋栽和瓶栽，袋栽又分为使用颈圈和盖子的三件套太空包栽培模式、窝口菌包栽培模式、长棒栽培模式。袋栽和瓶栽根据厂家的喜好，有多种不同的大小规格，不论哪种栽培规格，其栽培流程一般为配料、搅拌、装袋（瓶）、灭菌、冷却、接种、培养、出菇。

1. 配　料

原料一般分为直接使用和预处理后使用，预处理后使用的原料一般指木屑、玉米芯、甘蔗渣、棉籽壳。木屑一般需要堆积发酵，主要目的是软化和提高持水力，否则在装袋过程中易产生微孔，导致后期污染率较高；玉米芯和棉籽壳一般在生产前一天预湿，使用专门的搅拌机加水搅拌，确保原料颗粒中心能够充分吸收水分，防止中心夹干，导致灭菌不彻底；甘蔗渣由于糖分较高，在存放过程中要定期翻堆（图2-40）。

图 2-40　原料翻堆

2. 搅　拌

使用原料搅拌机进行搅拌，原料搅拌机有多种规格，根据实际产能选择搅拌机的规格，搅拌机可以放置于地上，也可以放置于地下，放置于地下使用时更加方便（图2-41）。

根据配方提前计算每种原料的使用量，一般先加入使用量较大的原料，后加入量小的原料，加入原料时搅拌机要一直处于搅拌状态，确保搅拌均匀。加完所有原料后干拌5 ~ 10分钟，再加水搅拌30分钟左右。堆积发酵的原料一般按照体积添加，计算每铲斗实际铲的干料重量，推算每个搅拌机需要几铲斗。衡量搅拌效果成败的关键点主要有两个，一是搅拌均一性，不能存在死角；二是确保在搅拌的过程中不会使原材料酸败。搅拌均一性的实现主要靠搅拌机本身的性能和搅拌时间，引起酸败的主要原因是高温季节微生物快速繁殖。

地下式搅拌机

地上式搅拌机

图 2-41　原料搅拌机

（1）酸碱度的控制。每种食用菌都有其最适合的pH值，合适的pH值对细胞的酶系活力至关重要，在最适的pH值下，菌丝生长状态最佳。每个批次的原料在灭菌前后都必须测定pH值，使用定制的挤压机，将原料中的水分挤压出来，再使用pH值仪或者pH值试纸进行pH值测定（图2-42）。由于在等待灭菌过程中，原料内部细菌繁殖会导致pH值下降，在灭菌过程中，原料的pH值一般也会下降，所以需要根据灭菌后的原料pH值来推算搅拌时所需的pH值，从而确定搅拌时生石灰、碳酸钙等调节pH值原料的添加量，添加量根据季节、批次等条件的不同而有所区别。

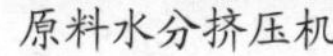
原料水分挤压机

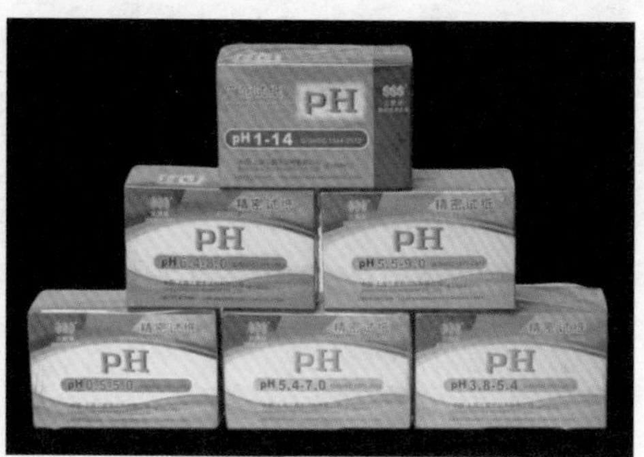

pH 值测定试纸

图 2-42　原料的 pH 值检测

（2）含水量的控制。一方面，必须有足够的含水量才能满足栽培周期内对水分的要求；另一方面，栽培袋（瓶）底部不能够出现水渍。由于原料本身的含水量并不完全一致，尤其是堆积发酵的原料，每批次之间都有差异，为了确保每个栽培袋（瓶）的含水量一致性，在确保每批次原料干重添加量相同的前提下，微调每批次的加水量。第一次加水后应使用含水量测定仪（图2-43）快速检测含水量，根据结果适量加水微调，微

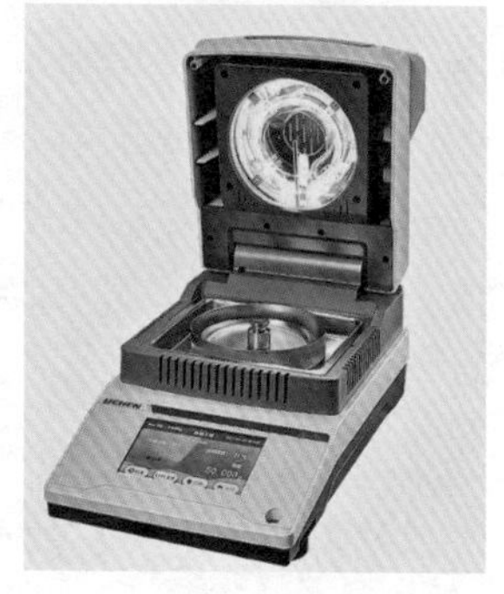

图 2-43　含水量测定仪

调后直接装袋（瓶）。

3. 装袋（瓶）

装袋（瓶）是指经过一系列的传输、振动，将新鲜的培养料装入栽培袋（瓶）中的过程，可使用全自动装袋（瓶）机（图2-44和图2-45）。这一过程看似简单，但要求非常多。

图 2-44　全自动装瓶机

图 2-45　全自动装袋机

（1）装袋（瓶）重量及松紧度。使用对折径18厘米×长度32厘米的低压聚乙烯塑料袋为容器，栽培包高度约15厘米，湿重1.1千克左右。850毫升的塑料瓶装填内容物的重量一般为520～550克，1 100毫升的塑料瓶内容物重量一般为660～700克，袋（瓶）与袋（瓶）之间的重量偏差不能太大。装料重量不是一个绝对的标准，由于培养基原辅材料性状不同，配好的培养料容重会有较大的变化，因此应按培养料容重的变化装袋（瓶）更为科学。装袋（瓶）之后，培养料的松紧率（硬度）和孔隙度也极为关键，一般应上紧下松，便于同时发菌。装好的培养基在袋（瓶）肩没有孔隙且稍微松软一些为好，袋（瓶）肩处留有空隙，菌丝培养后期会在袋（瓶）肩处出菇，影响产量和品质。装料过紧，菌丝生长明显缓慢，培养周期延长，严重时影响产量。

（2）装袋（瓶）料面高度及平整度。装袋时，料面紧贴塑料袋。装瓶时，料面与瓶盖的距离为10～15毫米，如果距离太近，易造成菌丝缺氧导致生长速度变慢；如果距离太远，在培养房湿度不够的情况下，菌丝容易干燥，导致出菇困难。培养房湿度大时容易导致气生菌丝生长过旺，并在培养后期提早现蕾，在搔菌时这些芽将全部被搔掉，浪费营养，影响单产。

（3）打孔数量及粗度。袋栽一般只在中心打1孔；瓶栽采用固体菌种一般打1孔，采用液体菌种通常打3～5孔，操作时打孔棒要求旋转打孔，否则易造成气缸劳损且增加能耗。

从生长速度来看，5孔生长速度明显快于1孔，主要原因为接种时，菌种可以更多地流入培养基的内部，菌种萌发点更多，因此也生长得更快；另外，更多的孔有利于培养基中菌丝的呼吸。

生长速度不是越快越好，生长速度快意味着单位时间内发热量更大，呼出的CO_2浓度更高，对制冷、通风的要求也更高，如果制冷、通风不能满足要求，往往会造成“烧菌”现象，影响培养效果，进而影响栽培产量，因此在制冷通风条件差的情况下让其生长速度慢一点反而不容易出现问题。

如果采用单孔，则打孔轴的粗度应为22～25毫米，孔径变细之后，孔壁、孔底部上留存的菌种量变少，甚至菌种不能达到底部，不能形成从底部向上发菌的情形。

打孔完成后，要求料面光滑，瓶底见光，不塌料。

（4）料酸败的控制。栽培料在干燥状态时，其表面的微生物呈休眠状态，一旦进入搅拌工序，加入水分，微生物即快速增殖。搅拌过程也是栽培料颗粒摩擦的过程，摩擦产生热量，提升搅拌料的温度，促进微生物增殖，并产生有机酸，会引起栽培料酸败，pH值下降。夏季气温高，更会加剧栽培料酸败。

为控制灭菌前微生物自繁量，可增加石灰或轻质碳酸钙用量，要尽量缩短搅拌加水到灭菌的时间，尽可能保证从开始搅拌到栽培包进入灭菌锅的时间在150分钟内。企业每日生产量是固定的，灭菌时间也是固定的，对于规模栽培企业必须计划好产量和装瓶时间，轮流使用灭菌锅，相互衔接，避免装袋（瓶）后长时间堆放。在夏季，为避免栽培料酸败，部分企业在装袋（瓶）车间内安装有大功率制冷机，对灭菌小车上的栽培包进行临时性强制制冷。

4. 灭　菌

装袋（瓶）后的栽培袋（瓶）推入高压灭菌锅（图2-46）中，培养料经过高温高压蒸煮，杀死所有生物，培养料充分腐熟。

培养基灭菌主要有3个目的，一是利用高温、高压将培养料中的微生物（含孢子）全部杀死，使培养料处于无菌的状态；二是使培养料经过高温高压后，一些大分子物质如纤维素、半纤维素等降解，有利于菌丝的分解与吸收；三是排出培养基在拌料至灭菌过程中产生的有害气体。灭菌过程主要注意以下5个方面。

高压灭菌锅外门

高压灭菌锅内门

图2-46　生产用高压灭菌锅

（1）灭菌锅内的数量和密度按规定放置，如果放置数量过大、密度过高，蒸汽穿透力受到影响，灭菌时间要相对延长。

（2）在消毒灭菌前期，尤其是高温季节，应用大量蒸汽或猛火升温，尽快使料温达到100℃，如果长时间消毒锅内温度达不到

100℃，培养料仍然在酸败，消毒后培养料会变黑，pH值下降，影响发菌和出菇。

（3）高压灭菌在保温灭菌前必须放尽冷气，使消毒锅内温度均匀一致，不留死角，培养料在121℃保持1.5～2.0小时。

（4）如果培养料的配方变化，基质之间的空隙可能会变小或变大，消毒程序也要作相应的修改，否则可能会导致污染或浪费蒸汽。

（5）采用全自动灭菌锅在灭菌结束后，应及时将栽培袋（瓶）拉入冷却室，在灭菌锅内冷却会导致负压，吸入脏空气，导致污染。

5. 冷　却

灭菌结束后，栽培袋（瓶）快速移入冷却室中进行冷却（图2-47），经过8～10小时后，栽培袋（瓶）内温度下降至20℃以下。整个室内需要万级净化处理，生产期间长期保持正压状态。一般情况下当日灭菌，次日接种。

由于在冷却的过程中栽培袋（瓶）内需要吸入大量冷却室的冷空气，因此冷却室要求十分严格，一方面，冷却室必须每天进行清洁消毒，最好安装空气净化机，至少保持万级的净化度；另一方面，冷却室中的制冷机应设置为内循环，要求功率大，降温快，在最短的时间内将栽培袋（瓶）降至合适的温度，可减少空气的交换率，降低污染的风险。

图2-47　冷却室

6. 接　种

接种是最容易引起污染的环节，因此接种环节是食用菌工厂化生产中控制污染、确保成品率的关键环节。接种环节在接种室（图2-48）中进行，应注意以下几方面的问题。

（1）接种室必须有空调设备，使室内温度保持18～20℃。

（2）接种室的地面必须易于清理、不起尘。

（3）接种室必须保持一定的正压状态，且新风必须经过高效过滤，室内净化级别为万级，接种机区域净化级别为百级。接种室正压级别不小于冷却室。

（4）接种室必须安装紫外灯或臭氧发生器，室内定期消毒、杀菌，紫外灯安装时注意角度和安装位置，使接种室全面消毒。

（5）接种操作前后相关器皿、工具必须用75%的酒精（乙醇）擦洗、浸泡或火焰灼烧。

（6）接种操作人员必须按无菌操作要求进行操作。

接种前区

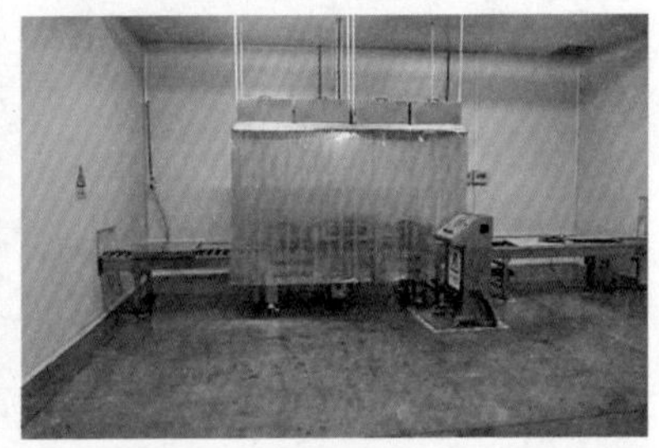

接种室

图2-48 接种室整体情况

7. 培 养

培养必须将栽培袋（瓶）置于清洁干净、恒温、恒湿，并且能定时通风的培养室中（图2-49和图2-50）。培养一般为三区制，分别对应定植期、生长期和后熟期。

（1）定植期。刚接种的栽培袋（瓶）容易污染，对环境要求很高，一般在安装有高效新风过滤系统的培养房完成菌丝的定植，要求环境菌落数量少，无螨虫。定植期根据品种的不同所需时间不同，一般需要培养10～15天，温度20～23℃，湿度70%～80%，二氧化碳浓度2 500～3 500毫克/千克。

图 2-49　培养室全景

图 2-50　堆叠栽培瓶操作

（2）生长期。这个阶段是菌丝快速生长的阶段，呼出的二氧化碳量和发热量急剧上升，要特别关注制冷通风设备，确保袋（瓶）间温度控制在26℃以下，以免造成烧菌。这个阶段菌丝日渐浓密，袋（瓶）身颜色也越来越浓白（图2-51）。

图 2-51　菌丝生长期

（3）后熟期。每个食用菌品种所需的后熟期不同，香菇需要2个月以上的后熟期进行转色，金针菇菌丝长满即可出菇，杏鲍菇需要7～10天的后熟期，真姬菇一般需要50天的后熟期，当达到生理成熟并贮存足够的营养物质时才能出菇（图2-52）。随着培养时间的延长，培养基

图 2-52　菌丝后熟期

的含水量会上升，这是因为菌丝吸收氧气呼出二氧化碳，产生了水分，尽管如此，培养室的湿度也非常重要，如果培养基表面失水过多，会严重影响产量和质量；随着培养时间延长，pH值会逐渐降低，pH值不达标，菌丝生理成熟不够。

8. 出　菇

根据食用菌品种的不同，出菇模式差异非常大，瓶栽以蟹味菇为例、袋栽以白玉菇为例、长棒模式以香菇为例讲解出菇流程。

瓶栽蟹味菇出菇

（1）菌丝恢复期。搔菌后1～6天是菌丝恢复期，料面菌丝逐渐恢复，由纯白色转为浅灰色（图2-53）。此时空气相对湿度控制在95%～100%，温度15～16℃，二氧化碳浓度2 000～2 500毫克/千克。

搔菌后第三天

搔菌后第四天

搔菌后第五天

搔菌后第六天

图2-53　搔菌后菌丝发育情况

注意事项：此阶段对湿度要求较高，注意保湿，有条件可覆盖无纺布等设施；此阶段对风速要求不高，可适当降低风速；菌丝恢复期对光照无要求。

（2）催蕾期。搔菌后7～8天为催蕾期，浅灰色菌丝逐步扭结凸起，形成针头状原基（图2-54）。此时空气相对湿度控制在90%～95%，温度15～16℃，二氧化碳浓度1 800～2 000毫克/千克，开启弱光刺激。

注意事项：催蕾期湿度比菌丝恢复期稍低，拉大栽培瓶料表面湿度差，以促进其现蕾；催蕾期须间歇式给光或者开启房间顶灯，否则可能会导致现蕾不整齐或者现蕾困难。

搔菌后第七天

搔菌后第八天

图2-54　搔菌后催蕾情况

（3）现蕾期。搔菌后9～10天为现蕾期，原基逐渐长大，形成菌盖（图2-55）。此时空气相对湿度控制在90%～95%，温度15～16℃，二氧化碳浓度1 800～2 000毫克/千克，开启强光刺激（一般开5分钟/关2小时）。

注意事项：仔细观察原基形成数量，当原基形成数量达到要求后，关闭光照，适当提高湿度，湿度逐步恢复至与菌丝恢复期基本一致；现蕾中后期光照条件可适当设置为黑暗，二氧化碳浓度适当提高，以拉长菇柄长度。

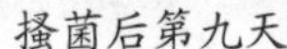

搔菌后第九天

搔菌后第十天

图 2-55 搔菌后现蕾

（4）伸长期。搔菌后11～17天为伸长期，菌盖颜色开始变深，并开始出现网状斑纹，菌柄逐渐伸长、变粗。此时菌柄迅速增长，菌盖分化速度稍慢，但逐渐增大增厚（图2-56）。此时空气相对湿度控制在98%～100%，温度14～15℃，二氧化碳浓度2 500～3 000毫克/千克，开启强光刺激（一般开3分钟/关30分钟）。

搔菌后第十一天

搔菌后第十二天

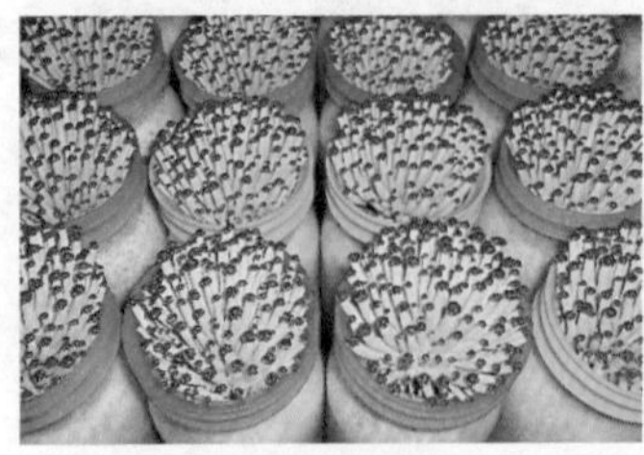

搔菌后第十五天

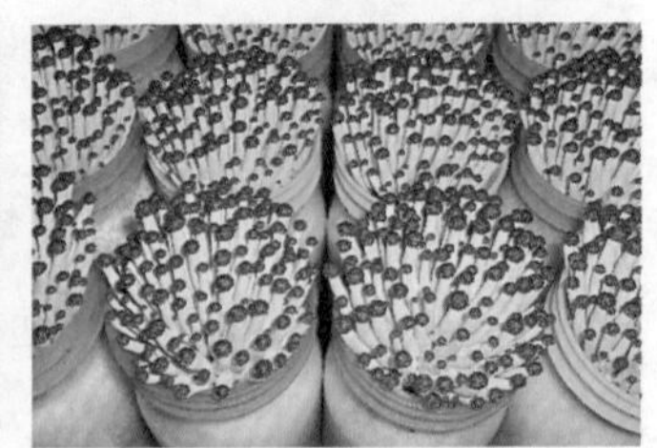

搔菌后第十六天

图 2-56 搔菌后子实体发育

注意事项：随着幼菇长大需氧量增加，应适当加大通风，但不能因为加强通风而使温度和湿度发生剧烈波动，房间湿度处于饱和状态，否则容易产生瘤盖菇（俗称“盐巴菇”）。

（5）成熟期。搔菌后18～24天为成熟期，子实体快速生长，菌盖迅速平展、加厚，盖色变浅，菌柄迅速伸长、加粗（图2-57）。此时空气相对湿度控制在98%～100%，温度14～15℃，二氧化碳浓度2 500～3 000毫克/千克，开启强光刺激（一般开15分钟/关30分钟）等待采收。

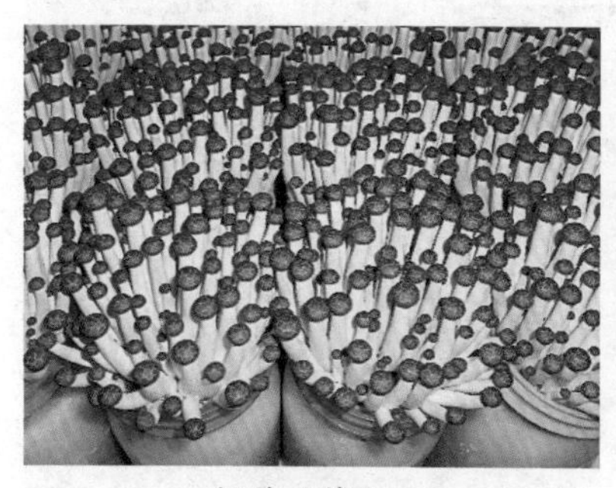

搔菌后第十八天

搔菌后第二十一天

图2-57　蟹味菇子实体成熟

袋栽白玉菇出菇

（1）开袋、翻袋、注水（图2-58至图2-60）。开袋时不要过分破坏洞口，或者再次给栽培料打孔。否则菌包内部的菌丝会在短时间内疯狂生长，从而堵塞洞口，会造成菌包缺氧。在开袋当天，通过注水或搔菌，在一定程度上可以决定现蕾是否整齐。当外界空气温度比较低的时候建议选择注水（折径18厘米的菌包一般注水100毫升）。

（2）菌丝恢复期。开袋后1～4天为恢复期，搔菌后，表面菌丝逐步恢复，变得浓白（图2-61）。此时空气相对湿度控制在

95%～100%，温度15～17℃，二氧化碳浓度3 000～4 000毫克/千克，黑暗管理。

开盖

去除颈圈

卷袋口

图 2-58　开袋流程

图 2-59　翻袋

图 2-60　注水

搔菌后第一天

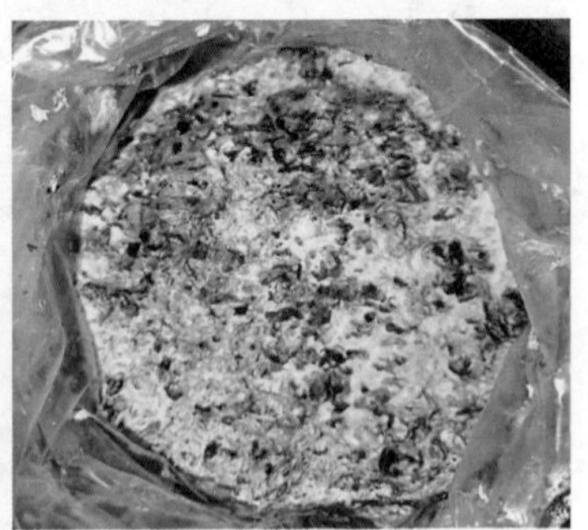

搔菌后第二天

图 2-61　恢复期生长情况

注意事项：注意房间内温度及湿度，否则菌丝恢复困难，关注菌包表面是否有积水（若有及时处理掉）。

（3）催蕾期。开袋后5～8天为催蕾期，菌丝逐渐“返灰”后，菌丝逐步扭结，表面轻微吐水（图2-62）。生理成熟的菌包通过温差刺激（温度控制在12～16℃）、增加光照（8～10小时/天的光刺激）、增加通风量（增加供氧量，二氧化碳浓度2 500～3 000毫克/千克）促使菌包由营养生长转入生殖生长。

注意事项：第六天菌丝开始出现扭结现象，第八天扭结的菌丝团上出现原基，此时应注意适当减少雾化量，原基不断增加。

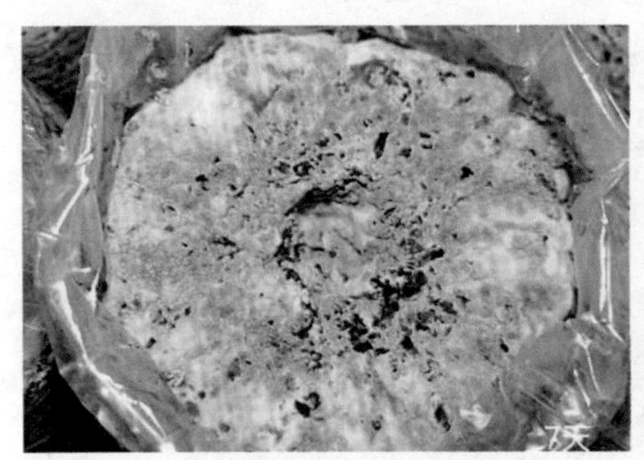
搔菌后第六天

搔菌后第八天

图2-62　催蕾情况

（4）现蕾期。开袋后9～12天为现蕾期，原基数量越来越多（图2-63）。将温度控制在13～15℃，二氧化碳浓度2 500～3 000毫克/千克，减少光照（1～2小时/天的光刺激）促进菌丝扭结形成芽原基。

注意事项：在第十天左右，能看到三角形芽原基，第十二天左右出现芽签状原基，此时适当加湿。

（5）伸长期。开袋后13～26天为伸长期，菇蕾迅速生长（图2-64）。减少通风量，将二氧化碳浓度提升至5 000～6 000毫克/千克，相对湿度98%～100%，促使菇柄快速地被拉长。逐渐减少光照时间或不开灯，抑制菇盖发育。

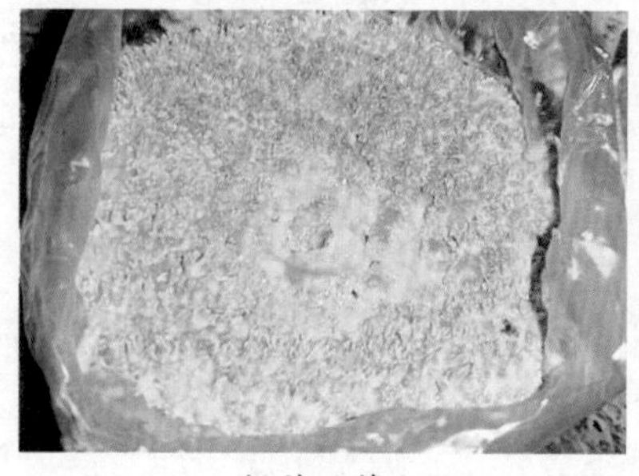

搔菌后第十天

搔菌后第十二天

图2-63 子实体现蕾情况

注意事项：如果出现柄短、帽大则需要减少光照或不开灯，反之，则继续保持光照（一般开1分钟/关2小时）。

搔菌后第十六天

搔菌后第十八天

搔菌后第二十一天

搔菌后第二十三天

图2-64 子实体伸长期

（6）成熟期。开袋后27～28天为成熟期，开袋后，当菇柄长度达13～15厘米，菇帽微微张开，即可采收（图2-65）。

图 2-65　成熟的袋栽蟹味菇

长棒香菇出菇

香菇栽培与其他工厂化栽培品种不同，在设施大棚内出菇，根据天气的不同，大棚的管理方式及出菇的周期也会变化，一般情况下，香菇最适出菇温度为10～20℃，这个温度下出的香菇菇柄较短、菇面较厚，空气湿度低的情况下还可以出花菇，可以大大提高商品价值。

（1）出菇大棚（图2-66）。根据当地的气候设计适合香菇生长环境的出菇大棚，在夏季时主要是遮阴降温，在冬季时主要是采光升温。出菇大棚一般具备侧面通风和顶部通风两种结构，侧面通风可以有效换入新鲜空气，顶部通风可以排热气和湿气，两种通风结构结合使用可以提高香菇的商品性状。

图 2-66　香菇出菇大棚

（2）催蕾。香菇上架出菇时，一般先注水（图2-67），注水重量不超过装袋重量，夏季时要减少注水量防止烂棒。一般情况下注水后3天开始现蕾（图2-68），如果现蕾数量较多需要疏蕾，均匀留下10～15个菇蕾，菇蕾数量太多会导致香菇菇柄较长、菇面薄且小，商品性状差。

（3）采收。待香菇长至八成熟（图2-69），菌褶未打开时采收。

图2-67 注水

图2-68 现蕾

图2-69 成熟香菇

（二）草腐菌生产管理重点

常见草腐菌主要有双孢蘑菇、草菇等，栽培方法与木腐菌最大的不同点在于草腐菌的栽培一般不需要高压灭菌，而是将原材料进行发酵处理。以栽培技术最为成熟的双孢蘑菇为例。

1. 原材料

双孢蘑菇栽培的原材料主要有麦草、鸡粪、石膏、石灰等，覆土出菇时还需要使用草炭土（图2-70）。

麦草

草炭土

图2-70 双孢蘑菇栽培的主要原材料

2. 栽培流程

双孢蘑菇的栽培流程如图2-71所示。

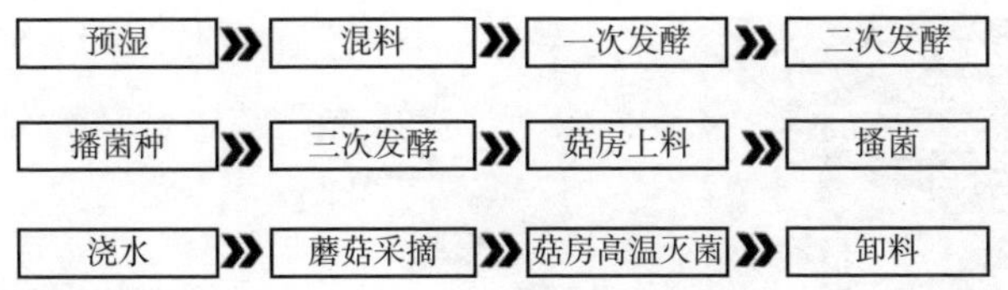

图 2-71　双孢蘑菇的栽培流程

3. 一次发酵

将麦草预湿后与其他原材料混合，通过顶端投料机投入发酵隧道内进行一次发酵，发酵隧道底部10～15厘米铺设高压气管，通过喷气嘴为发酵料提供氧气（图2-72）。一次发酵过程中料温可高达75～80℃，一方面可以通过高温杀死虫卵等有害生物，另一方面还可以软化基质、提高持水力，改变培养料理化性质。一次发酵需要2周左右。

一次发酵隧道

顶端投料机

图 2-72　双孢蘑菇的一次发酵

4. 二次和三次发酵

二次和三次发酵是在同一发酵隧道内进行的（图2-73），二次和三次发酵隧道与一次发酵隧道不同，需要采用有保温层的密闭式隧道，隧道底部有通气夹层，顶部有空气处理设备，发酵过程中通过控制新风、蒸汽的通入量，使料温达到60℃进行巴氏消毒，随后

图 2-73 二次和三次发酵隧道

控制料温在50～52℃，培养放线菌，二次发酵需要1周左右。

经过二次发酵的培养料均匀加入双孢蘑菇菌种后再放入发酵隧道，通过温控设备，将料温稳定在22℃左右，通过14天左右的培养，菌丝长满培养料，即完成三次发酵。

5. 出菇管理

（1）上架。将三次发酵料和草炭土通过自动上架机均匀放置在出菇床架上，下部为三次发酵料，上部为草炭土（图2-74）。

自动上架机

上架覆土后的床面

图 2-74 三次发酵料上架

（2）催蕾（图2-75）。覆土后，需要对覆土材料打水，一般每平方米打水2～4千克，原则是完全浸湿覆土又不会对培养料产生影响。之后每隔2～3天再打水两次，每平方米打水1千克。覆土后料温维持在25℃左右，控制室温20～22℃，新风量低于10%，内循环风机频率10～20赫兹。覆土后前4天可使用外界空气降温，

图2-75 催蕾

4天之后要使用内部空调制冷，提高菇房二氧化碳浓度，但要控制在1%以内。当一半的覆土表面长满菌丝时，菇房要加强通风，室内温度17～18℃，料温20～21℃，新风10%～20%，逐渐降低CO_2浓度0.06%～0.20%，空气湿度92%以上，内循环风机频率20～40赫兹。

（3）出菇与采收。①温度：室温16～17℃，料温20～21℃。②二氧化碳浓度、湿度和通风：二氧化碳浓度与催蕾后期一致，即0.06%～0.20%。为保持二氧化碳浓度和湿度，通风量要适当加大。新风20%～30%，内循环风机频率30～40赫兹。③打水：双孢蘑菇子实体达到一定程度后，即可打水。打水要充分，以确保第一潮菇采收后的覆土对于第二潮菇足够松软。打水不可过度，过多的水分会导致菌丝生长停滞。打水后，要在2～3小时内使菇体表面干燥，以避免产生细菌斑。④转潮管理：第一潮菇结束后，可以适当提高料温，再降温。降温后，培养料活性会增加，第二潮菇就开始生长。第二潮菇生长阶段二氧化碳浓度和湿度相比于第一潮菇催蕾期稍低。第一潮菇结束时，就要停止给第二潮菇打水，只有子实体长到一定程度时，才重新打水。第三潮菇管理同第二潮。⑤采收：子实体长到标准规定的大小且未成薄菇时应及时采摘（图2-76）。柄粗盖厚的菇，菇盖长到3.5～4厘米未成薄菇时采摘。柄细盖薄的菇，菇盖在2～3厘米未成薄菇时采摘。出菇密度大要及早采摘，出菇密度小，适当推迟采摘。采摘时先向下稍压，再轻轻旋转采下，避免带动周围小菇。

图 2-76　双孢蘑菇的采收过程

五、病虫害防控

（一）防控原则

从食用菌栽培流程的整体出发，以食用菌高产、优质、高效、生态和安全生产为目标，以主要病虫害为主攻对象，贯彻“预防为主、综合防治”的植物保护工作方针、“公共植保、绿色植保”理念，坚持突出重点、分区治理、因地制宜、分类指导的原则，采取关键措施与综合技术相结合、科学预防与应急防控相结合、当前控害与持续治理相结合、化学防控与其他防控措施相结合的策略，以农业措施为基础，协调运用生物、物理、化学等其他各种措施，将食用菌生产过程中主要有害生物的种群密度控制在经济允许的水平以下，达到经济、社会和生态效益同步增长的目的。

（二）防控策略

以食用菌栽培环境区域为单元，构建良好的食用菌生态系统，坚持病虫害预测预报制度，制定有害生物绿色防控措施，优先考虑农业防治和物理防治措施，必要时结合生物防治科学用药。

1. 农业防治

（1）食用菌栽培环境保持清洁卫生，生产前后对空间进行清理、消毒、杀虫；装有新风系统的定期清理或更换新风过滤网。

（2）培养料处理要彻底，袋栽培养料经过高温灭菌、床栽培养料经过二次发酵灭菌。

（3）出菇期重点保持空间相对湿度，子实体上无积水。

（4）每潮子实体采收结束后，及时清理残留菇根、地面垃圾，保持出菇房洁净。

（5）出菇结束后及时清除废菌渣，远离栽培场所。

（6）简易设施或露天栽培可结合茬口安排采用水旱轮作减少病虫源。

2. 物理防治

（1）采用防虫网减少外界成虫进入栽培场所。

（2）采用诱虫板、诱虫灯诱杀成虫。

3. 生物防治及使用天然矿物质防治

宜使用生物源农药（如微生物源农药、植物源农药）和矿物源农药。在空棚期，地面喷施石灰水对栽培空间进行消毒。

4. 化学防治

（1）根据当地食用菌有害生物绿色防控措施正确实施化学防控，在不同栽培环节，按照推荐的方式使用推荐的药剂（表2-2）。

（2）适期适量使用化学药剂，科学轮换和混配使用。

（3）禁止使用国家公告禁限的高毒、高残留农药和未在食用菌上登记使用的农药。

（4）禁止在子实体上直接喷施化学药剂。

（5）施药操作人员应做好防护，防止农药中毒。

（6）妥善保管农药，妥善处理使用后的剩余药剂。

（7）使用过的农药瓶、农药袋和其他农药废弃包装物应清出生产场所，合理集中处理。

表 2–2　绿色食品食用菌生产允许使用的部分农药

农药名称	作物 / 场所	防治对象	用药量	施用方法
40% 噻菌灵可湿性粉剂	蘑菇	褐腐病	0.8 ~ 1 克 / 米 ^{2}	菇床喷雾
500 克 / 升噻菌灵悬浮剂	蘑菇	褐腐病	1 ：（1 250 ~ 2 500）（药料比）	拌料
			0.5 ~ 0.75 克 / 米 ^{2}	喷雾
66% 二氯异氰尿酸钠烟剂	菇房	霉菌	6 ~ 8 克 / 米 ^{3}	点燃放烟
40% 二氯异氰尿酸钠可溶粉剂	平菇	木霉菌	0.40 ~ 0.48 克 / 千克干料或 1 ：（833 ~ 1 000）（药种比）	拌料
50% 二氯异氰尿酸钠可溶粉剂	平菇	木霉菌	0.40 ~ 0.48 克 / 千克干料	拌料
6% 春雷霉素水剂	平菇	细菌性褐斑病	1 000 ~ 1 500 倍液	喷雾

（续表）

农药名称	作物 / 场所	防治对象	用药量	施用方法
72% 唑醚·代森联水分散粒剂	平菇	褐腐病	1 000 ～ 2 000 倍液	喷雾
80% 灭蝇胺水分散粒剂	平菇	菇蝇	0.005 ～ 0.006 克 / 千克湿料	拌料
1% 吡丙醚粉剂	双孢菇	菌蛆	1 ～ 3 克 / 米 ^{2}	撒施
0.1% 三十烷醇微乳剂	平菇	调节生长	1 333 ～ 2 000 倍液	喷雾
15% 赤霉酸可溶片剂	金针菇	调节生长	5 000 ～ 10 000 倍液	喷雾
	平菇	调节生长	3 250 ～ 10 000 倍液	喷雾

（三）常见病虫害防控

1. 异迟眼蕈蚊

异迟眼蕈蚊是食用菌上一种重要的害虫，一生要经历卵、幼虫、蛹和成虫4个虫态（图2-77）。以幼虫为害双孢蘑菇、平菇、茶树菇、秀珍菇等多种食用菌的菌丝和子实体，发菌期发生严重时，可将菌丝全部食尽，导致无法形成子实体（图2-78）。

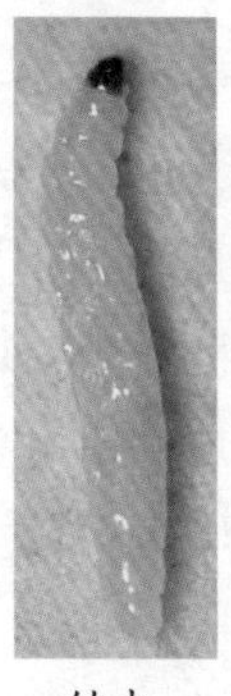
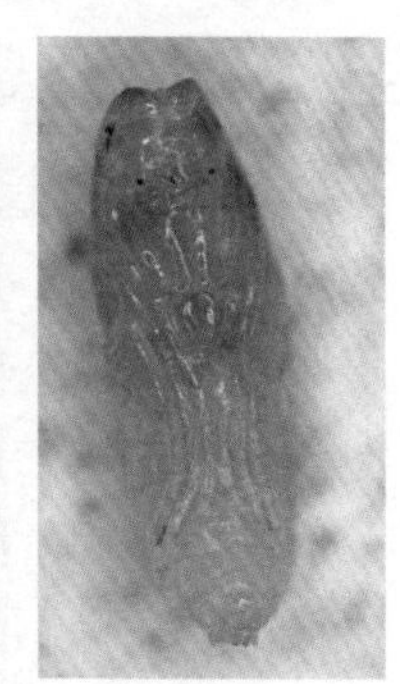

成虫　幼虫　蛹

图 2-77　异迟眼蕈蚊成虫、幼虫和蛹

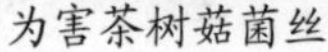
为害茶树菇菌丝　　为害毛木耳子实体

图 2-78　异迟眼蕈蚊为害状

异迟眼蕈蚊在北方一年发生3～4代，雌虫产卵量为50粒左右，最大可达100粒，从产卵到羽化的发育历期约18天，雄虫比雌虫羽化早1～2天。卵期为3～4天，幼虫共4龄，幼虫期10～12天，蛹期为3～4天。一般在4月初至5月中旬为成虫羽化期。

防控措施：①合理选择栽培季节与场地：选择清洁干燥、向阳的栽培场所。栽培场周围无水塘、无积水、无腐烂堆积物。②多品种轮作，切断幼虫食源：在高发期的3—6月和10—12月，选用香菇、鲍鱼菇、猴头菇等异迟眼蕈蚊不喜欢取食的菇类栽培出菇。③重视培养料前处理，减少发菌期成虫繁殖量：发酵料栽培的双孢菇、草菇等草腐菌类品种，培养料要发酵彻底，杀死料中虫、卵，覆土材料要选择无虫污染的土源或通过暴晒、闷土等方式杀虫；熟料栽培的平菇、秀珍菇、毛木耳等木腐菌类品种，菌袋要无砂眼，接种口选择透气性好的材料封口，防止发菌期幼虫进入菌袋为害。④物理防控，诱杀成虫：在成虫羽化期，菇房上空悬挂杀虫灯，在无电源的菇棚可用黄板悬挂于菌袋上方，待黄板上粘满成虫后及时更换。⑤药剂控制，对症下药：在出菇期密切观察料中虫害发生动态，当发现袋口或料面有少量成虫活动时，结合出菇情况及时用药，将外来虫源或菇房内始发虫源消灭，则能消除整个季节的虫害。在喷药前将能采摘的菇体全部采收，并停止浇水一天。如遇成虫羽化期，要多次用药，直到羽化期结束。选择对人和环境安全的药剂。当大棚内成虫较多时，可选用杀虫剂进行防控；出菇期菌袋内有幼虫为害时，在子实体全部采摘后的出菇间歇期施药于出菇袋表面。

2. 瘿　蚊

瘿蚊幼虫为橘黄色、淡黄色（图2-79），侵害多种食用菌的菌丝和子实体。在丰富的食源中，幼虫以幼体繁殖，很快就在培养料和菇体的菌褶内爬满幼虫，带虫的子实体降低了商品性。幼虫携带杂菌，致病菌通过伤口侵入而引发病害。若栽培场地周围杂草丛生，垃圾、菌渣乱堆，会给瘿蚊提供良好的越冬繁衍条件，而菇房防护设施不全，害虫飞入无阻，将严重影响食用菌的质量和产量（图2-80）。

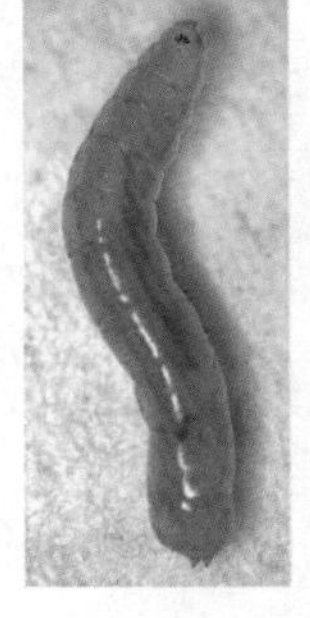

幼虫

蛹

图2-79　瘿蚊幼虫和蛹

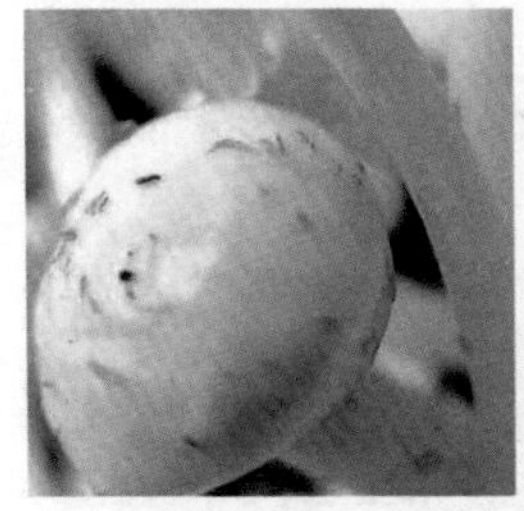

为害金针菇菌盖

为害食用菌菌丝

图2-80　瘿蚊为害状

瘿蚊幼虫可由卵孵化，也可由母体幼虫生殖且为主要方式，繁殖周期短，短期内可大量发生。在温度5～25℃进行幼虫繁殖，

3～5天繁殖一代，每条雌虫平均可产20多条幼虫。遇干燥时，虫体密集结成球状，待环境适合时，球体瓦解，存活的幼虫继续繁殖。幼虫喜潮湿环境，在潮湿的培养基上虫体可爬行，在干燥处虫体很快失水死亡。虫体可用自身蜷曲的弹力，向远处迁移。温度在5℃以下时，以幼虫形式在料中休眠越冬。在30℃以上时，虫体转为蛹的形式越夏，等待温湿度适宜时羽化为成虫产卵，进入下一世代。

防控措施：①蘑菇培养料宜进行二次发酵，杀死料中的虫卵，减少出菇期的虫源，平菇尽量用熟料栽培。②发菌场所保持适当的低温和干燥，能有效地控制瘿蚊为害，在常年发生瘿蚊的老菇房内栽培蘑菇，其培养料和覆土材料均宜预先拌药处理，可有效地减少瘿蚊为害。③出菇期遇瘿蚊暴发时，采菇结束后选用适宜的杀虫剂进行防控，可有效地减少虫口数量。

3. 蚤　蝇

幼虫蛆形，成虫不善飞行，但活动迅速，善于跳跃（图2-81）。在中高温期为害秀珍菇、平菇、长根菇等栽培品种，以及牛肝菌、松茸等野生品种，幼虫取食菌丝或子实体。平菇和秀珍菇在发菌期极易遭受幼虫蛀食，菌袋内菌丝被蛀食一空，只剩下黑色的培养基，致使整个菌袋报废。尤其喜欢蛀食新鲜且富含营养的菌丝。幼虫蛀食子实体形成孔洞、隧道，使菇体萎缩，干枯失水而死亡（图2-82）。

成虫

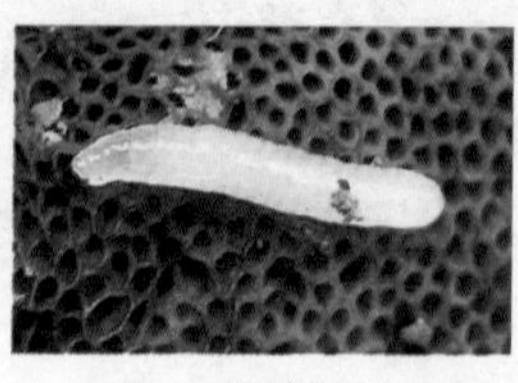
幼虫

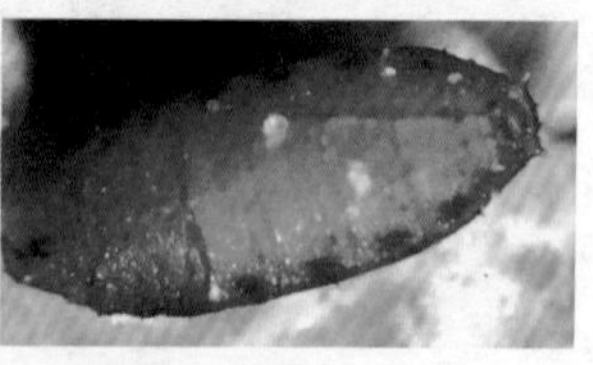
蛹

图2-81　蚤蝇成虫、幼虫和蛹

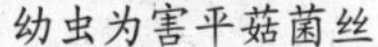
幼虫为害平菇菌丝

幼虫为害野生食用菌子实体

图 2-82　蚤蝇为害状

蚤蝇耐高温，在气温15～35℃的3—11月为活动期，在5—10月进入为害高峰期。在大棚保温设施条件下，3月中旬棚内温度达15℃以上时，开始出现第一代成虫，成虫体小，隐蔽性强，往往是进入暴发期后才被发现。成虫在袋口上产卵，7～10天后幼虫孵化出，幼虫钻入蛀菌袋内咬食菌丝。第二代成虫在4—5月产卵。到第三代以后出现世代重叠现象。在15～25℃，35～40天繁殖一代；在30～35℃，20～25天繁殖一代。11月后以蛹在土缝和菇袋中越冬。

防控措施：①菇房远离垃圾场，并及时铲除菇房四周杂草，减少蚤蝇的寄居场所。②发菌袋与出菇袋不宜同放一个栽培棚，以免成虫趋向发菌袋产卵为害。虫口发生量大的菌袋要及时回锅灭菌后重新接种。及时清除废料，虫源多的废料要及时运至远处或是烧毁，防止虫卵继续孵化为害。③在大棚内悬挂黄色粘虫板、诱虫灯等对成虫进行诱杀。发菌期发现菌袋内有幼虫为害时及时将菌袋从菇房出取出销毁，在空间、角落、通风口、出入口用4.3%高氟·甲维盐乳油1 000倍液喷雾，防止成虫飞入产卵。开袋出菇期发现幼虫为害，在出菇间歇期可用1%吡丙醚粉剂等药剂防治。

4. 夜　蛾

夜蛾成虫昼伏夜出，幼虫颜色较深（图2-83）。为害虫态为幼虫，杂食性强，咬食平菇、桑黄、猴头菇、白参菌、香菇、灵芝等多种食用菌的菌丝和原基，使菌袋无法出菇；咬食子实体，造成缺刻、凹槽、孔洞并污染上粪便（图2-84）。

夜蛾成虫

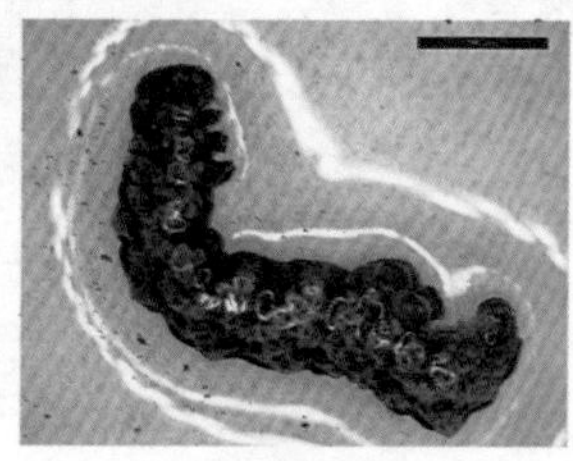
幼虫

蛹

图 2-83　夜蛾成虫、幼虫和蛹

幼虫为害香菇菌丝

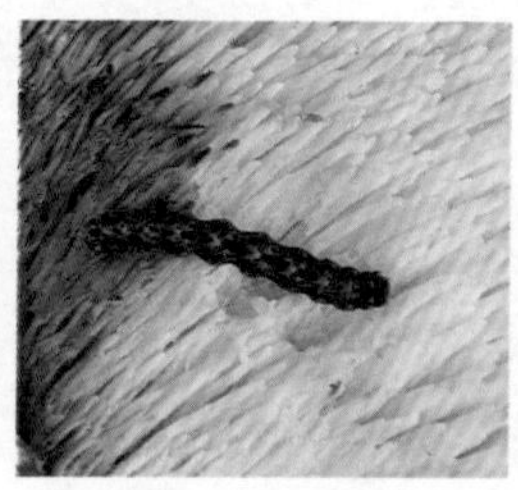
幼虫为害猴头菇

幼虫为害桑黄子实体

图 2-84　夜蛾为害状

我国南方一年发生5～6代，主要以蛹越冬，通常在4月中旬开始羽化，5—8月为高发期，至11月初在棚室内仍有发生。成虫对糖醋液及光有趋性；雌虫羽化第三天后一般于夜间或早上产卵。卵散产于子实体和培养料表面。初孵幼虫常吐丝，行动活泼，有食卵壳习性，曲伏状行进；3龄后进入暴食期，喜高温，在温度30～37℃的大棚内能正常取食；老熟幼虫在子实体或培养料表面作茧化蛹；

整个生长周期32～50天。

防控措施：①在夜蛾为害时期，要常检查菇体的背面，在量少时人工捕捉。②在大棚内悬挂诱虫灯可诱杀成虫。③幼虫量大时选用适宜的杀虫剂进行防控。

5. 跳　虫

为害食用菌的跳虫种类有长角跳科、棘跳科和球角跳科的多种跳虫。淡灰色至灰紫色，长形或圆球形（图2-85）。幼虫白色，体形与成虫相似，休眠后蜕皮，多群居，银灰色如同烟灰，故又名烟灰虫。跳虫自幼虫到成虫都在取食为害，食性杂，危害广，取食双孢蘑菇、羊肚菌、草菇、桑黄、竹荪等多种食用菌的菌丝和子实体，同时携带螨虫和病菌，造成二次感染，常在夏秋高温季节暴发。跳虫取食菌丝，导致菌丝退菌；菇体形成后，跳虫群集于菇盖、菌褶和基部咬食菌肉，造成菇盖遍布褐斑、凹点或孔道；排泄物污染子实体，引发细菌性病害；跳虫暴发时，菌丝被食尽，导致栽培失败（图2-86）。

跳虫常大批群居在土壤中，多栖息于潮湿隐蔽的场所，如土壤、腐殖质、原木、粪便、洞穴，甚至终年积雪的高山上也有分布。体表具蜡质层，不怕水。温度上升至15℃以上，跳虫开始活动，长江中游一年发生6～7代，4—11月是跳虫繁殖期，中间寄主是腐败的植物、杂草等有机物。在食用菌中以草腐菌受害严重，春播的高温蘑菇和秋播的双孢蘑菇、鸡腿蘑、大球盖菇等覆土栽培的种类受害严重。播种后，其气味吸引跳虫在料内产卵，未发酵彻底的草料内带有大量的活虫卵。一代周期约30天，雌虫产卵100～800粒，由于虫体小，颜色深（如灰色的角跳虫），因此隐蔽性强，在培养料中无法观察到。羊肚菌栽培中易发生跳虫，虫体聚集在营养袋下和子实体内，为害严重。

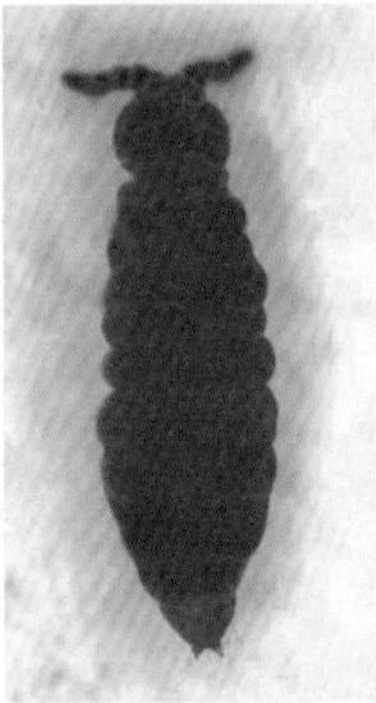

泡角跳虫 　　长角跳虫 　　黑角跳虫

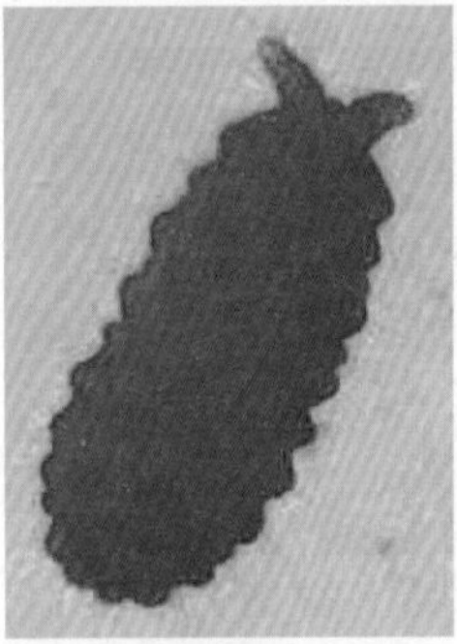

红缺弹器跳虫 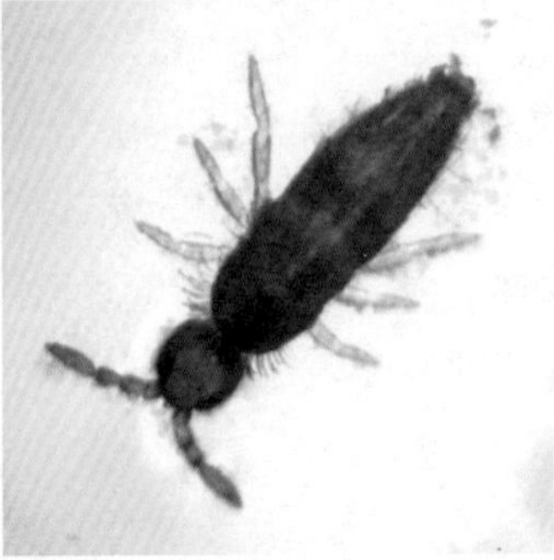　　角跳虫 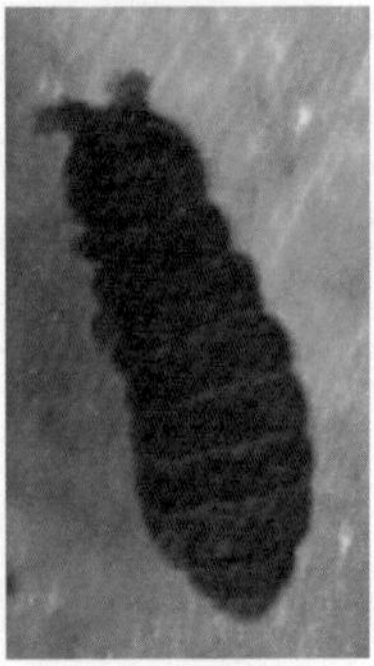　　紫跳虫

图 2-85　食用菌栽培中常见跳虫种类

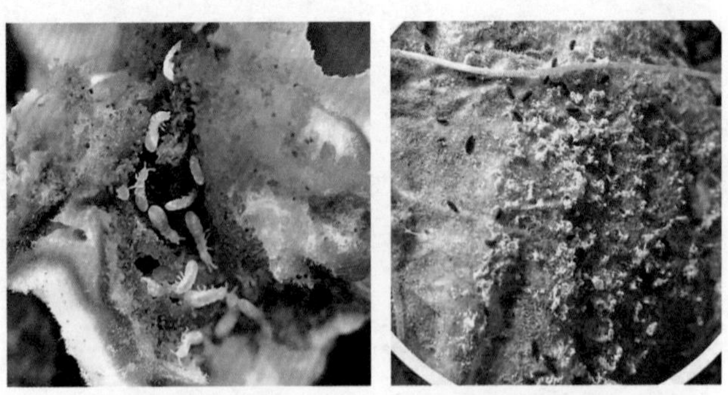

为害羊肚菌子实体　　为害菌丝

图 2-86　跳虫为害状

防控措施：①保持栽培场所卫生：在夏季种植之前，先将栽培场及菇房清洗干净，再用硫黄熏蒸，菇房外围20米之内的杂草、垃圾要清除，填平坑洞，防止积水引发跳虫繁殖。②培养料须高温处理：双孢蘑菇栽培料要进行二次发酵，杀灭料中虫源。③地栽模式的品种栽培结束清棚之后，可在地面灌水，杀死地面残留的虫源，羊肚菌、大球盖菇等栽培设施较简陋的大田栽培结束后，可与水稻、芋头等作物进行水旱轮作，减少下一季虫源的基数。

6. 螨　虫

为害食用菌的螨虫种类繁多，大多数种类身长小于1毫米。但各地区、各品种上出现的螨虫种类又有所不同，其中最为常见的是腐食酪螨（图2-87）。螨虫取食多种食用菌的菌丝体和子实体，其中，在蘑菇、金针菇、茶树菇、草菇上为害最为普遍和严重。当螨虫群集于菇根部取食，会致使根部光秃，菇体干枯而死亡；为害菌丝造成退菌、培养基潮湿、松散，只剩下菌索，培养基失去出菇能力；螨虫携带致病菌，导致菇床感染病害（图2-88）。

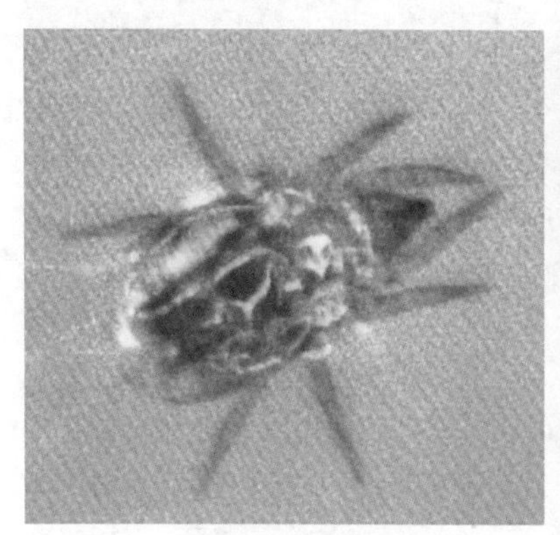

成虫

金针菇菌丝上的卵

图 2-87　腐食酪螨成虫和卵

图2-88　腐食酪螨为害黑木耳

螨虫从幼螨、若螨到成螨的成长过程中，都在取食为害。螨虫喜高温，15～38℃是繁殖高峰。当温度在5～10℃时，虫体处于静止状态，在温度上升至15℃以上，虫体开始活动，在20～30℃，一代历期7～18天，每只雌螨产卵量为50～200粒，有些螨能幼体生殖，因此繁殖量大，繁殖速度快。茶树菇发菌期常遭螨虫为害，造成退菌，引发杂菌滋生，菌袋报废；金针菇发菌期也常遭螨虫为害而导致发菌失败。螨虫能以成螨和卵的方式在菇房层架间隙内越冬，在温度适宜和养料充分时继续为害。菇房一旦出现螨虫后则难以控制，连续几年都易出现螨虫为害。

防控措施：①选用无螨菌种：种源带螨是导致菇房螨害暴发的主要原因。因此，菌种厂应保证菌种质量，提供生活力强的纯净菌种。菇农应到有菌种生产资格的菌种厂购买菌种。②培养料和菇房须经二次发酵处理：利用二次发酵的高温杀死培养料中螨虫的同时，也杀灭了菇房尚存的虫源。菇房层架宜用无机材料，以减少螨虫的滋生场所，也便于消毒处理。③选用安全高效杀螨剂：出菇期出现螨虫时，子实体全部采收后，选用适宜的杀螨剂进行防控，在下一潮菇的间歇期视螨虫量和为害程度，决定是否第二次用药。

7. 木　霉

木霉是食用菌栽培中侵染培养基料最严重的一类霉菌。病原菌为木霉属真菌，凡适合食用菌生长的培养基料均适宜木霉菌生长，一旦接种面上落入了木霉孢子，孢子即迅速萌发形成菌丝。木霉菌丝初期呈纤细、白色絮状，菌丝生长快速，2天后能产生出绿色的分生孢子团，将料面覆盖，使食用菌菌丝失去营养而停止生长，菌袋报废（图2-89）。

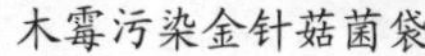

木霉污染金针菇菌袋

木霉污染双孢蘑菇菇床

图 2-89　木霉为害状

木霉菌丝体和分生孢子广泛分布在自然界中，通过气流、水滴侵入寄主。木霉菌丝生长温度4～42℃，25～30℃生长速度最快；孢子萌发温度10～35℃，15～30℃萌发率最高，25～27℃菌落由白转绿只需4～5天，高湿环境对菌丝生长和萌发有利。菌丝较耐二氧化碳，在通风不良的菇房内，菌丝能大量繁殖快速地侵染培养基、菌丝和菇体。栽培多年的老菇房、带菌的工具和场所是主要的初侵染源。分生孢子可以多次侵染，在高温高湿条件下，重复侵染更为频繁。

防控措施：①清洁卫生减少病源：保持生产场地环境清洁干燥，无废料和污染料堆积。拌料装袋车间应与无菌室有空间隔离，防止拌料时产生的灰尘与灭过菌的菌棒接触时落下杂菌。②减少破袋是防治杂菌污染的有效环节：聚丙烯袋厚度在0.04～0.05毫米以上，聚乙烯袋厚度0.060～0.065毫米以上，袋表面无微孔，底部缝接密封，装袋时应防止袋底摩擦造成破袋。③科学调制配方，防止营养过剩：配制培养料配方时，尽量不加入糖分，防止培养料酸化；平衡碳氮比，防止氮源超标。④菌袋灭菌彻底，防止留下空压死角：在整个灭菌过程中防止中途降温和灶内热循环不均匀现象；常压灭菌100℃保持10小时以上，高压灭菌125℃保持2.5小时以上，等温度降低、菌袋收缩后才能开门取出。⑤菌袋密封冷却，快速接种：出锅后的菌袋要避免与外部未消毒的空气接触，并及时在接种室接种，适当增加用种量，以菌种量多的优势减少木霉侵染机会。⑥保持菌种的纯净度和生命力：纯净、适龄并具有旺盛活力的菌种是减少杂菌源和降低木霉侵染的基本保证。⑦确保接种室和接种箱清洁无菌：接种环境高度清洁，降低接种过程的污染率。⑧调温接种，恒温发菌：在人工调温的接种室内，在20℃温度下接种能降低菌种受伤后因呼吸作用而上升的袋内温度，提高菌种成活率和发菌速度；22～25℃发菌可有效降低由温差引起的空气流通而避免带入杂菌。⑨发菌期勤检查，及时拣出污染袋：发菌期多次检查发菌情况，发现污染袋应及时拣出，以降低重复污染机会。⑩出菇期干湿交替，保持通风：适当降低空气湿度减少浇水次数，防止菇棒长期在湿度大和不通风的环境下出菇，水分管理上应干湿交替，菌棒要在较低的湿度环境下养菌，在菇体转潮期不应天天浇水，保持一定干燥程度。

8. 平菇黄斑病

平菇黄斑病又名黄菇病，由假单胞杆菌引起的一种平菇病害。初期在菇盖边缘出现零星的黄色小斑点，斑点不断扩大使整朵菇黄化，病菇上分泌黄色水滴同时停止生长，严重时整丛菇发病。病菇呈水渍状，稍有黏糊状菌脓但不腐烂。黑色平菇和秀珍菇较易感染黄斑病，发病后菇体色差明显，品质下降，失去商品性（图2-90）。

在春秋季大棚内菌袋排放量大、温度高、湿度大、通气不良时，黄斑病容易发生和流行，严重时多潮菇都发病。生料栽培比熟料栽培子实体更易发病且病情严重。菇棚温度低于20℃、相对湿度低于80%不易发病。

图 2-90　平菇黄斑病症状

防控措施：①选用抗黄斑病品种，在适宜的季节栽培。②菇房菌袋排放量不应密集堆垛，袋层间要有间隔，每袋之间也要有空隙，利于气体交换，不易产生热量和积累过高的二氧化碳。加装辅助通风设施，降低菇棚空气湿度。③注意浇水方式，浇水后及时开门通风，待菇盖上的积水吸收或晾干后才能关门。④发病后及时摘除病菇，停止浇水，加强通风，在棚内喷雾6%春雷霉素水剂1 000～1 500倍液，间隔5天后再次施用，地面喷施3%的石灰水可有效地控制病害蔓延。

六、产品加工、贮存与运输

（一）采收分级

1. 采　收

应根据食用菌生产情况、产品用途确定采收标准，及时采收。采收时佩戴干净、清洁的手套，减少食用菌机械损伤，并随手修整、分级，剔除附带的培养基基质、泥土等杂质。部分品种的食用菌，如香菇、金针菇，采收后要适度失水，以防子实体因含水量过高而破损。常用降低含水量方法：采收后放于30～35℃，失水20%～30%，至手捏菌盖不黏；或于2～4℃摊开放置，保持相对湿度小于70%，至手捏菌盖不黏。

2. 分　级

食用菌采收后应根据其品种按照相应标准或具体要求进行分级。可在采收的同时直接进行分级后放入不同等级的采收容器，或者采收后再进行统一的机器或人工分级操作。分级时要轻拿轻放，减少机械损伤。部分食用菌分级标准和质量要求如表2-3至表2-8所示。

表 2-3　香菇分级标准及质量要求

产品	项目	指标		
		一级	二级	三级
鲜品	形态	形态自然；菌盖呈圆整扁半球形，内菌幕完好，菌肉组织韧性好	形态自然；菌盖呈规整扁半球形或近伞形，内菌幕稍有破裂	菌盖呈扁半球形或近平展
	色泽	菌盖淡褐色至褐色；菌褶、菌柄乳白色至浅黄色或略带褐色斑点		
	菌盖直径（厘米）	<2.0，2.0（含）～4.0，4.0（含）～6.0，6.0（含）～8.0，≥8.0		
	杂质	≤1.0%		
干品	形态	形态圆整；菌盖呈扁半球形，菌盖边缘内卷，且贴近菌柄	形态自然；菌盖呈规整扁半球形或近伞形	菌盖呈扁半球形、伞形或铜锣状

（续表）

产品	项目	指标		
		一级	二级	三级
干品	色泽	菌盖淡褐色至褐色；菌褶、菌柄米白色至浅黄色		
	菌盖直径（厘米）	<2.0，2.0（含）~ 3.0，3.0（含）~ 5.0，5.0（含）~ 7.0，≥ 7.0		
	菌柄长度	与菌盖卷边持平	≤菌盖直径	—
	杂质	≤ 0.5		

表 2-4　平菇分级标准及质量要求

产品	项目	指标		
		一级	二级	三级
鲜品	形态	菌盖肥厚、表面无萌生的菌丝，菌柄基部切削平整，干爽，无黏滑感	菌盖肥厚、表面无萌生的菌丝，菌柄基部切削良好，干爽，无黏滑感	菌盖、菌褶不发黑，菌柄基部切削允许有不规整存在
	菌盖直径（厘米）	3.0 ~ 5.0	5.0 ~ 10.0	≤ 3.0，≥ 10.0
	色泽	具有平菇应有的色泽		
	气味	具有平菇特有的气味，无异味		
	虫蛀菇	不允许		≤ 1.0%
	霉烂菇	不允许		
	杂质	不允许	≤ 5.0%	
干品	形态	菇体完整，无碎片	菇体较完整，允许碎片率 5% ~ 10%	菇体较完整，碎片率大于 10%
	色泽	具有平菇应有的色泽		

（续表）

产品	项目	指标		
		一级	二级	三级
干品	气味	具有平菇特有的气味，无异味		
	虫蛀菇	不允许	≤ 1.0%	
	霉烂菇	不允许		
	杂质	不允许	≤ 5.0%	

表 2-5　双孢蘑菇分级标准及质量要求

产品	项目	指标		
		一级	二级	三级
鲜品	形态	菇形圆整，内菌膜紧包，无畸形，无薄皮，无机械损伤，无斑点；菌柄基部切削处理平整	菇形圆整，内菌膜紧包，无严重畸形，无薄皮，无机械损伤，无斑点；菌柄基部基本平整	内菌膜破，允许菌褶不发黑的脱柄菇存在，无严重斑点；菌柄基部切削欠平
	菌盖直径（厘米）	2.0（含）~ 2.2	2.2 ~ 5.0	≤ 6.0
	菌柄长度（厘米）	≤ 1.5		
	色泽	菇色正常均匀，有自然光泽		
	气味	具有双孢蘑菇应有的气味，无异味		
	虫蛀菇	不允许		≤ 1.0%
	霉烂菇	不允许		
	杂质	不允许		≤ 3.0%
干品	形态	干片厚薄均匀		

（续表）

产品	项目	指标		
		一级	二级	三级
干品	色泽	乳白色至浅黄色，有光泽		
	气味	具有双孢蘑菇应有的气味，无异味		
	虫蛀菇	不允许		
	霉烂菇	不允许		
	杂质	不允许		

表 2–6　茶树菇质量要求

产品	项目	指标
鲜品	形态	菇体饱满，菌盖表面平滑、干爽、有浅皱纹，菌柄中实、有弹性，表面有纤维状条纹，长度均匀、基部切削整齐
	色泽	菌盖黄褐色或暗红褐色，菌柄白色、黄白色或淡黄色
	气味	具有茶树菇特有的气味，无异味
	菌盖直径（厘米）	≥ 2.5
	菌柄长度（厘米）	≥ 5.0
	霉烂菇	不允许
	杂质	≤ 2.0%（不应出现毛发、金属碎屑、玻璃）
干品	形态	菇体完整，菌柄均匀、整齐
	色泽	菌盖褐色或红褐色，菌柄淡黄色、黄色或红褐色
	气味	具有茶树菇特有的气味，无异味
	霉烂菇	不允许
	干碎菇	≤ 8.0%
	杂质	≤ 3.0%（不应出现毛发、金属碎屑、玻璃）

表 2-7　猴头菇干品分级标准及质量要求

项目	指标		
	特级	一级	二级
色泽	黄里带白、金黄色或淡黄色	淡黄色至深黄色	深黄色至黄褐色
形态	菇体呈单头状或倒卵状，菇形规整，大小均匀；表面须状菌刺长短、粗细和分布均匀	菇体呈单头状或倒卵状，菇形较规整，大小基本均匀；表面须状菌刺长短、粗细和分布基本均匀	菇体呈单头状或倒卵状，菇形不规整，菇体表面可有褶皱，大小不均匀；表面须状菌刺长短、粗细和分布不均匀
破损菇	无	≤ 10.0%（质量比）	

表 2-8　羊肚菌分级标准及要求

产品	项目	指标		
		特级	一级	二级
鲜品	外观	菌盖表面凹坑纵向排列，脉络清晰，菌柄粗短，中空		
	形态	菇形饱满完整，菇体周正，菇肉厚实，无残缺和虫蛀	菇形较饱满完整，菇体周正，菇肉较厚实，允许有轻微残缺或虫蛀	菇形完整，菇体较周正，菇肉厚度适中，略有干瘪，允许有残缺或虫蛀
	色泽	菌盖色泽呈（红）褐色，菌柄为白色或黄白色，同批产品色泽一致均匀	菌盖呈红褐色至褐色，菌柄为白色或黄白色，同批产品色泽较一致均匀	
	缺陷菇	无	≤ 5%（质量比）	≤ 10%（质量比）
干品	形态	菇形完整，菇体周正，菇肉厚实有质感，无残缺、畸形和虫蛀	菇形完整，较周正，菇肉较厚实，允许有轻微残缺、畸形或虫蛀	菇形完整，菇肉较薄，允许有残缺或虫蛀，无严重畸形菇

（续表）

产品	项目	指标		
		特级	一级	二级
干品	色泽	菌盖色泽呈深黑色，菌柄为白色或浅黄色，同批产品色泽一致均匀	菌盖呈棕色至浅黑色，菌柄为白色或浅黄色，同批产品色泽较一致均匀	
	缺陷菇	无	≤10%（质量比）	≤15%（质量比）

（二）预冷排湿

食用菌采收后应及时预冷，主要作用：①快速排除食用菌采后带的田间热，节省运输和贮藏中的制冷负荷。②在运输或贮藏前使产品尽快降温，快速抑制呼吸作用和降低生理活性，以便更好地保持其生鲜品质。③快速降低子实体温度，减少贮运期初期的温度波动，防止结露现象发生。④减少营养损失和水分损失，延缓变质和成熟的过程，延长贮存寿命。⑤抑制微生物的侵染和生理性病害的发生，提高耐贮性。

常见的预冷方式有冷风预冷、冷水预冷、冰块预冷等，香菇等需要适度失水的品种不宜采用冷水预冷或冰块预冷的方式，冷风预冷是其最佳方式。一般采收温度在0～15℃时，应在采后4小时内实施预冷；采收温度在15～30℃时，应在采后2小时内实施预冷；采收温度在30℃以上时，应在采后1小时内实施预冷。除部分冷敏食用菌品种外，多数食用菌预冷库温度为0～2℃。

（三）保　鲜

新鲜食用菌含水量高，采后呼吸旺盛，加之缺乏保护组织，极易受到机械损伤和微生物侵染，导致失水、褐变和腐烂等品质劣变，影响食用菌商品价值。目前食用菌商业化、绿色化保鲜主要以冷藏保鲜、速冻保鲜和气调保鲜为主。

1. 冷藏保鲜

冷藏保鲜是最常用的保鲜技术，能有效抑制食用菌生理代谢和微生物生长，降低呼吸强度和酶活性，减少营养损失和水分散失，抑制褐变和软化，延长保鲜期。不同食用菌品种最适冷藏保鲜时间不同，如鸡腿菇、平菇等耐贮性较差，秀珍菇、金针菇等耐贮性居中，香菇、白灵菇等耐贮性较强。一般食用菌最适保鲜温度为0～5℃，部分常见新鲜食用菌的冷藏保鲜条件及贮藏期如表2-9所示。

表 2-9　常见新鲜食用菌低温保鲜条件及贮藏期

食用菌品种	温度（℃）	预期贮藏时间（天）
香菇	0 ~ 4	7 ~ 15
平菇	0 ~ 4	5 ~ 7
双孢蘑菇	2 ~ 4	7 ~ 10
秀珍菇	2 ~ 4	7 ~ 10
茶树菇	0 ~ 3	10 ~ 15
白灵菇	0 ~ 3	15 ~ 20
金针菇	0 ~ 4	8 ~ 15
鸡腿菇	0 ~ 3	5 ~ 7
猴头菇	0 ~ 3	10 ~ 14
杏鲍菇	1 ~ 4	10 ~ 30

2. 速冻保鲜

速冻保鲜是通过快速降温使菌体水分迅速结晶，导致菌体温度急剧下降，从而达到延长保鲜期的目的，常用于草菇等高温菇的保鲜贮藏。具体操作方式可参考如下：将挑选好的草菇放入塑料袋内，每袋装5千克，密封袋口，再在供保鲜用的容器内注入麦饭石水，然后将草菇袋浸入麦饭石水中（水要超过草菇袋面，以便隔绝空气，防止氧化变质），置于20～22℃低温库保藏，可保鲜70天左右。

3. 气调保鲜

气调保鲜主要通过调节环境中氧气和二氧化碳等气体成分比例，从而达到抑制代谢速率、延缓衰老的目的。气调保鲜也可分为两大类，即人工气调和自发气调。

（1）人工气调通常是降低环境中氧气浓度并提高二氧化碳浓度，抑制食用菌生理代谢，多通过加入氮气来调节氧气浓度（2%～5%）和二氧化碳浓度。人工气调贮藏效果较好，但对设备要求较高且成本较高，推广应用有难度。

（2）自发气调操作简便且成本低，是利用食用菌自身呼吸作用来降低包装中的氧气浓度并提高二氧化碳浓度，抑制呼吸作用和微生物生长，但受包装材料的透气性和透湿性等性能影响较大。目前食用菌气调保鲜包装材料以聚乙烯（PE）、聚丙烯（PP）为主，当包装材料的透气性和透湿性不能达到最优时，可采用激光打孔等方式形成微孔来提高保鲜效果。

(四) 干　制

食用菌的干制加工主要有自然干制和机械干制两种方法；冻干方法也偶有使用，但由于设备要求和成本过高，生产中实际应用较少。

1. 自然干制

以太阳光为热源，以自然风为辅助进行干燥，具有操作简单、投入少、受环境影响大的特点，适用于银耳、木耳、灵芝、猴头菇等品种。将采收的新鲜食用菌摊铺在竹编或苇编的帘上。排铺方式随品种变化较大，如银耳应耳片朝上，基座朝下，一朵朵排列，相互不得挤压重叠；大多菇类要菌盖朝上，菌褶朝下，排放整齐，防止重叠。晾晒时要选择白天，晒1～2天即可拼帘，再晒3天后将子实体一朵朵翻晒至晒干，翻晒时要轻，以防破损。

2. 机械干制

机械干制是以烘箱、烘笼及烘房等为载体，以炭火、电热及红外线等热源进行烘烤而使菌体脱水干燥的方法。注意，为使食用菌达到绿色食品的质量安全要求，勿以炭火等热源直接熏烤或接触子实体，以免造成二氧化硫等风险因子超标。目前大量使用的是直线升温式烘房、回火烘房、热风脱水烘干机、蒸汽脱水烘干机、红外线脱水烘干机等。

除设备外，食用菌机械干制工艺也因品种不同而多种多样。以香菇为例，在鲜菇干制前，可先将烘房（箱）升温，并启动排风扇，使热源均匀输入烘房（箱），待温度升到35～38℃时，将鲜菇分层放入烘房。温湿度条件控制可参考如下：第1～4小时保持38～40℃；第4～8小时保持40～45℃，打开全部排湿窗；第8～12小时保持45～50℃，通风量保持50%左右；第12～16小时保持50～53℃，通风量保持30%左右；第17小时保持55℃；第18小时至烘干保持60℃，关闭排湿窗。

（五）质量安全

绿色食品食用菌感官要求、理化指标、污染物限量、农药残留限量和食品添加剂限量应符合《绿色食品　食用菌》（NY/T 749）的规定。污染物限量、农药残留限量和食品添加剂限量要求见表2-10。

表 2-10　绿色食品食用菌污染物限量、农药残留限量和食品添加剂限量要求

项目	指标（毫克/千克）	
	食用菌鲜品	食用菌干品
镉（以 Cd 计）	≤ 0.2（香菇≤ 0.5，姬松茸≤ 1.0）	≤ 1.0（香菇≤ 2.0，姬松茸≤ 5.0）
二氧化硫残留（以 SO_2 计）	≤ 10	≤ 50
氯氰菊酯	≤ 0.01	
氟氯氰菊酯	≤ 0.01	
氯氟氰菊酯	≤ 0.01	
咪鲜胺	≤ 0.01	
百菌清	≤ 0.01	
毒死蜱	≤ 0.01	
克百威	≤ 0.01	
除虫脲	≤ 0.01	
吡虫啉	≤ 0.01	
多菌灵	≤ 1.0	
灭蝇胺	≤ 0.01	

由于食用菌组织娇嫩，在生产加工过程中，一些不法商贩会使用荧光增白剂、硫黄等处理食用菌，尤其是白色食用菌，使其固色以提高“卖相”、延长贮藏时间。对于荧光增白剂，通过近年来的监管和专项整治，市场上已鲜有荧光增白剂处理的食用菌，消费者不必过分担心。对于食用菌含硫问题，硫黄熏蒸等非法加工手段确实偶有存在，一些不合适的加工方式（如煤炭直接烘干）也会导致产品中二氧化硫含量异常增高，但由于二氧化硫本身也是食用菌的正常代谢产物之一，消费者无须“谈硫色变”，在选购食用菌产品时，要避免表面异常洁白（以竹荪为例，图2-91）或颜色过分鲜艳的食用菌产品（以姬松茸为例，图2-92）。

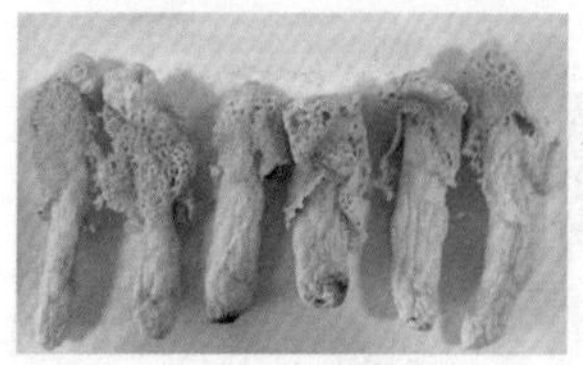

二氧化硫含量
2.84 克 / 千克

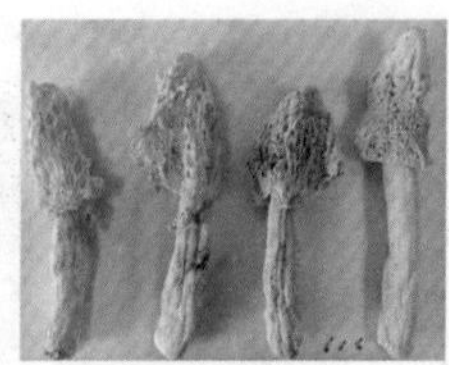

二氧化硫含量
2.40 克 / 千克

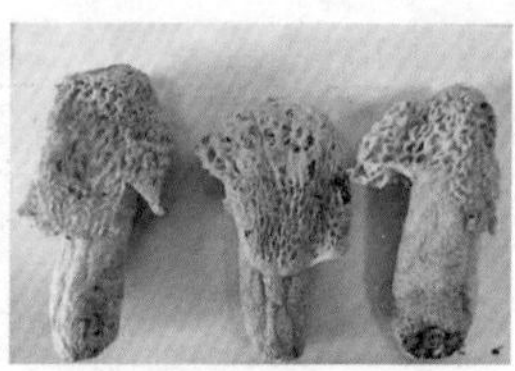

未检出二氧化硫

图 2-91 不同二氧化硫含量竹荪色泽对比

二氧化硫含量
0.276 克 / 千克

二氧化硫含量
0.049 克 / 千克

未检出二氧化硫

图 2-92 不同二氧化硫含量姬松茸色泽对比

（六）包 装

1. 基本要求

食用菌包装的主要作用是保护内装物食用菌产品，应根据不同绿色食品食用菌的产品类型、性质、形态和质量特性等，选用符合规定的包装材料并使用合理的包装形式来保证绿色食品食用菌的品质，同时，要符合食用菌贮藏、运输、销售和安全保障的要求。同一包装袋内的食用菌应具有一致的等级、规格，包装不应对食用菌产品造成损伤，包装内不得有异物。每批产品所用的包装、质量单位应一致。

2. 包装材料

包装要求严格按照绿色食品的包装使用标准进行设计和选材。内包装多采用食品级聚乙烯或聚丙烯塑料袋、塑料托盒等，中间可能涉及一层防潮袋；外包装多是纸箱、塑料周转筐、泡沫箱等，纸箱应无受潮、离层现象。建议选择可重复利用、回收利用或可降解的包装材料，不应使用含有邻苯二甲酸酯、丙烯腈和双酚A类物质的包装材料，同时，还要求材料不含氟氯烃化合物（CFS）的发泡聚苯乙烯（EPS）、聚氨酯（PUR）、聚氯乙烯（PVC）。

（七）贮藏运输

1. 贮　藏

鲜食或干制的食用菌产品包装后在销售之前往往需要进行一定时间的贮藏。一般来说，鲜品的贮藏条件同保鲜的要求，干品贮藏应置于通风、洁净、阴凉干燥的环境，或在温度1～4℃、相对湿度不超过75%的冷库储存。

贮藏环节是绿色食品食用菌生产中重要的一环，也应切实执行绿色食品的技术标准，基本要求如下：①贮藏环境必须洁净卫生，保持清洁，消毒用药应符合《绿色食品　农药使用准则》（NY/T 393）和《绿色食品　兽药使用准则》（NY/T 472）的规定。②选择的贮藏方法不能使绿色食品食用菌品质发生变化，不能引入污染。优先物理与机械方法，如采用化学贮藏方法选用化学制剂，应符合《绿色食品　添加剂使用准则》（NY/T 392）。③绿色食品食用菌不能与非绿色食品混堆贮存。

2. 运　输

应根据绿色食品食用菌的特性、类型、季节、运输距离及产品保质贮藏的要求选择不同的运输工具。运输工具应专车专用，不应使用装载过化肥、农药、粪土及其他可能污染食品的运输工具运输绿色食品食用菌。

运输过程中采取控温措施。对于鲜品来说，运输工具的温度应与保鲜贮藏温度相同或略低1～2℃，相对湿度应为80%～90%。对于干品，可于常温、干燥条件下运输。

绿色食品食用菌申报要求

一、绿色食品申报条件

（一）申请人条件

1. 基本条件

（1）能够独立承担民事责任。如企业法人、农民专业合作社、个人独资企业、合伙企业、家庭农场等，以及国有农场、国有林场和兵团团场等生产单位。

（2）具有稳定的生产基地或稳定的原料来源。

（3）具有绿色食品生产的环境条件和生产技术。

（4）具有完善的质量管理体系，并至少稳定运行1年。

（5）具有一定生产规模（如土培食用菌产地规模达到50亩以上，基质食用菌产地规模达到50万袋以上）。

（6）具有与生产规模相适应的生产技术人员和质量控制人员。

（7）申请前3年内无质量安全事故和不良诚信记录。

（8）与绿色食品工作机构或检测机构不存在利益关系。

（9）具有绿色食品企业内部检查员。

（10）在国家农产品质量安全追溯管理信息平台完成注册。

（11）具有符合国家规定的各类资质要求。

2. 委托生产的申请人条件

委托生产指申请人不能独立完成申请产品种植、养殖、加工（包括农产品初加工、深加工、分包装）全部环节的生产，而需要把部分环节委托他人完成的生产方式，具体要求见图3-1。

我是一家食用菌种植专业合作社，组织本社社员种植鲜香菇，同时为提高产品附加值，委托一家蔬菜加工企业加工成香菇酱后销售，申报时有什么特殊要求？

实行委托加工的种植业申请人应具备以下条件：
（1）有固定的原料生产基地，包括自有土地流转或合作社土地入股。
（2）被委托方须具备相关产品加工生产许可（不包括食品生产加工小作坊生产许可）。

我是一家集物流、加工、销售于一体的当地龙头企业，有自己的冷库和加工厂，但食用菌原料是委托一家种植专业合作社种植的，申报时有什么特殊要求？

实行委托种植的加工业申请人应与种植公司、合作社、农户或其他单位签订绿色食品委托种植合同或协议，规定委托方种植规程符合绿色食品生产要求，建立长期稳定合作关系。

我是一家食用菌收购销售公司，没有种植基地，也没有加工场所，原料种植和加工都委托他人，产品标注我公司出品，可以申报吗？

既无稳定生产基地也无加工场所的，不符合绿色食品申请人资质条件。特例除外：原料直接委托生产或收购于绿色食品原料标准化生产基地的申请人，委托加工方应是已获批准的绿色食品企业。

图 3-1　绿色食品委托生产申报要求

3. 总公司及其子公司、分公司申报条件

（1）总公司或子公司可独立作为申请人单独提出申请。

（2）“总公司+分公司”可作为申请人，分公司不可独立申请。

（3）总公司可作为统一申请人，子公司或分公司作为其加工场所。

（二）申请产品条件

申请产品应满足以下基本条件。

（1）应符合《中华人民共和国食品安全法》和《中华人民共和国农产品质量安全法》等法律法规规定，在国家知识产权局商标局核定的绿色食品标志使用商品类别涵盖范围内。

（2）应为现行《绿色食品产品标准适用目录》内的产品，如产品本身或产品配料成分属于新食品原料、按照传统既是食品又是中药材的物质、可用于保健食品的物质，须同时符合国家相关规定。

（3）产品本身属于卫生部[①]发布的“可用于保健食品的物品名单”中的产品，须取得国家相关保健食品或新食品原料的审批许可后方可进行申报。

（4）产品或产品原料产地环境符合绿色食品产地环境质量标准。

（5）生产中投入品（如兽药、饲料等）使用应符合绿色食品投入品使用准则。

（6）产品质量符合绿色食品产品质量标准。

（7）包装贮运符合绿色食品包装贮运标准。

① 中华人民共和国卫生部，全书简称卫生部。经 2013 年和 2018 年两次国务院机构改革，国家卫生职责现由中华人民共和国国家卫生健康委员会承担。

（三）相关绿色食品标准

申报绿色食品必须学习绿色食品标准。已出版的绿色食品标准汇编图书见图3-2。与绿色食品食用菌产品相关的主要标准如下。

NY/T 391—2021　绿色食品　产地环境质量

NY/T 393—2020　绿色食品　农药使用准则

NY/T 394—2021　绿色食品　肥料使用准则

NY/T 794—2018　绿色食品　食用菌

NY/T 392—2023　绿色食品　食品添加剂使用准则

NY/T 658—2015　绿色食品　包装通用准则

NY/T 1056—2021　绿色食品　储藏运输准则

图3-2　绿色食品标准汇编图书

二、绿色食品申报流程

（一）申请前准备

1. 内检员培训注册

为不断提高绿色食品企业内部质量管理能力和标准化生产水

平，保障绿色食品产品质量和品牌信誉，中国绿色食品发展中心已将绿色食品企业内部检查员（以下简称内检员）作为绿色食品标志许可的前置申报基本条件。申请人须安排负责绿色食品生产和质量安全管理的专业技术人员或管理人员登录“绿色食品内检员培训管理系统”（http://px.greenfood.org/login）参加绿色食品相关培训，并获得内检员注册资格。

（1）内检员资格条件：①遵纪守法，坚持原则，爱岗敬业。②具有大专以上相关专业学历或者具有两年以上农产品、食品生产、加工、经营经验，熟悉本企业的管理制度。③热爱绿色食品事业，熟悉农产品质量安全有关的国家法律、法规、政策、标准及行业规范；熟悉绿色食品质量管理和标志管理的相关规定。④应完成绿色食品相关培训，并经考试合格。

（2）内检员职责要求：①宣贯绿色食品标准。②按照绿色食品标准和管理要求，落实绿色食品标准化生产，参与制定本企业绿色食品质量管理体系、生产技术规程，协调、指导、检查和监督企业内部绿色食品原料采购、基地建设、投入品使用、产品检验、标志使用、广告宣传等工作。③指导企业建立绿色食品生产、加工、运输和销售记录档案，配合各级绿色食品工作机构开展绿色食品现场检查和监督管理工作。④负责企业绿色食品相关数据及信息的汇总、统计、编制，以及与各级绿色食品工作机构的沟通工作。⑤承担本企业绿色食品证书和《绿色食品标志商标使用许可合同》的管理，以及申报和续展工作。⑥组织开展绿色食品质量安全内部检查及改进工作；开展对企业内部员工有关绿色食品知识的培训。

（3）内检员培训要求：①绿色食品内检员培训采取课堂培训与网上培训相结合的培训制度。②首次注册的内检员必须参加课堂培训或网上培训，并经考试合格。已取得资格的内检员每年还须完成网上继续教育培训。③经过培训并考试合格的内检员由中国绿色食品发展中心统一注册编号发文生效。

2. 完成国家农产品质量安全追溯管理信息平台注册

登录国家农产品质量安全追溯管理信息平台（http://www.qsst.moa.gov.cn），完成生产经营主体注册。

（二）基本环节

申请使用绿色食品标志通常需要经过8个环节：①申请人提出申请。②绿色食品工作机构受理审查。③检查员现场检查。④产地环境和产品检测。⑤省级工作机构初审。⑥中国绿色食品发展中心综合审查。⑦绿色食品专家评审。⑧发布颁证决定（图3-3）。

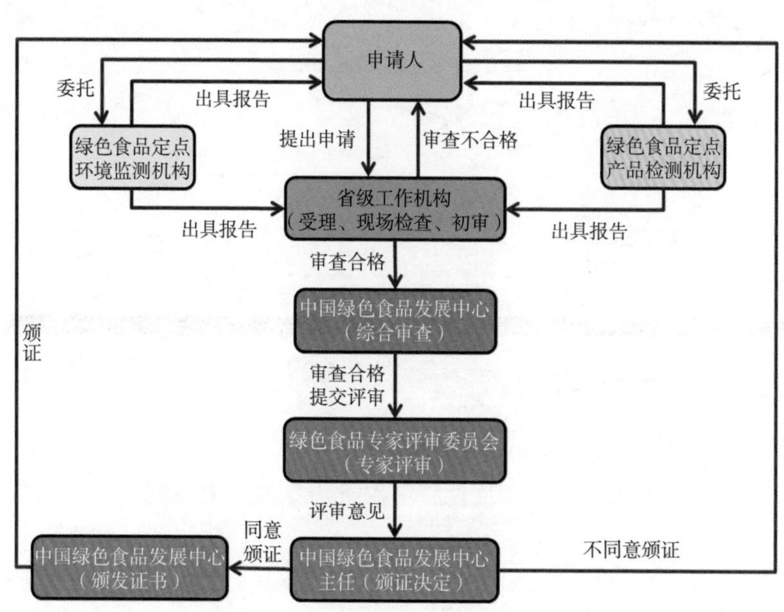

图3-3　绿色食品标志申请许可流程

（三）流程详解

1. 申请人提出申请

（1）工作时限：申请人至少在产品收获前3个月，向所在地绿色食品工作机构提出申请。

（2）申请方式：①登录中国绿色食品发展中心网站（http://www.greenfood.org.cn/），下载《绿色食品标志使用申请书》及相关调查表（图3-4）。②向省级工作机构提交申请。绿色食品省级工作机构和定点检测机构的联系方式，可登录中国绿色食品发展中心网站查询。

图3-4 绿色食品标志申请表格下载页面

2. 绿色食品工作机构受理审查

（1）工作时限：绿色食品工作机构自收到申请材料之日起10个工作日内完成材料受理审查。

（2）审查结果通知方式：绿色食品省级工作机构会重点审查申请人和申报产品条件和申请材料的完备性，向申请人发出《绿色食品申请受理通知书》，可能会有以下3种情况。①如材料审查合格，可以进入下一步程序，《绿色食品申请受理通知书》将告知申请人“材料审查合格，现正式受理你单位提交的申请。我单位将根据生产季节安排现场检查，具体检查时间和检查内容见《绿色食品现场检查通知书》”。②如申请材料不完备，仍需要尽快补充，《绿色食品申请受理通知书》将告知申请人“申请材料不完备，请你单位在收到本通知书__个工作日内，补充以下材料：……材料补充完备后，我单位将正式受理你单位提交的申请”。③如材料审查不合格，《绿色食品申请受理通知书》将告知申请人“材料审查不合格，本生产周期内不再受理你单位提交的申请”。

3. 检查员现场检查

（1）工作时限与执行方式：在材料审查合格后45个工作日内，绿色食品省级工作机构会组织至少2名检查员对申请人产地进行现场检查。

（2）检查时间：申报产品生产期内。

（3）检查环节：首次会议、实地检查、查阅文件记录、随机访问、总结会。

（4）企业人员：现场检查时相关企业人员须在场，包括申报单位主要负责人、生产负责人、技术人员和企业内检员。

（5）检查结果：形成《绿色食品现场检查报告》；绿色食品工作机构向申请人发出《绿色食品现场检查意见通知书》。可能会有以下2种情况。①如现场检查合格，可以进入下一步环节，《绿色食品现场检查意见通知书》将告知申请人“现场检查合格，请持本通知书委托绿色食品环境与产品检测机构实施检测工作”，同时，将告知申请人需要进行环境检测的检测项目，以及产品检测的检测标准。②如现场检查不合格，《绿色食品现场检查意见通知书》将告知申请人“现场检查不合格，本生产周期内不再受理你单位的申请”。

4. 产地环境和产品检测

（1）检测依据：申请人按照《绿色食品现场检查意见通知书》要求，委托检测机构对产地环境、产品进行检测和评价。

（2）检测时限：环境检测自抽样之日起30个工作日内完成；产品检测自抽样之日起20个工作日内完成。

（3）检测单位：绿色食品定点检测机构。全国目前有97家（2023年）绿色食品检测机构。

（4）检测结果报送绿色食品省级工作机构和申请人。

（5）检测要求：检测报告符合绿色食品标准要求。

5. 省级工作机构初审

（1）工作依据与工作时限：绿色食品省级工作机构自收到《绿色食品现场检查报告》《环境质量监测报告》和《产品检验报告》之日起20个工作日内完成初审。

（2）初审内容要求：申报材料完备可信、现场检查报告真实规范、环境和产品检验报告合格有效。

（3）初审合格报送中国绿色食品发展中心，同时完成网上报送。

6. 中国绿色食品发展中心综合审查

（1）工作时限：中国绿色食品发展中心自收到省级工作机构报送的申请材料之日起30个工作日内完成综合审查。

（2）审查结果：提出审查意见，并通过省级工作机构向申请人发出《绿色食品审查意见通知书》，审查结果可能有4种情况。①需要补充材料的，申请人应在《绿色食品审查意见通知书》规定时限内补充相关材料，逾期视为自动放弃申请。②需要现场核查的，由中国绿色食品发展中心委派检查组再次进行检查核实。③审查合格及审查不合格的，中国绿色食品发展中心将组织召开绿色食品专家评审会，进入专家评审。

7. 绿色食品专家评审

（1）召开专家评审会：中国绿色食品发展中心在完成综合审查的20个工作日内组织召开专家评审会。

（2）作出颁证决定：专家评审意见是最终颁证与否的重要依

据。中国绿色食品发展中心根据专家评审意见，在5个工作日内作出颁证决定。

8. 颁证决定

作出颁证决定后，申请人须与中国绿色食品发展中心签订《绿色食品标志使用合同》，并领取绿色食品证书（图3-5）。

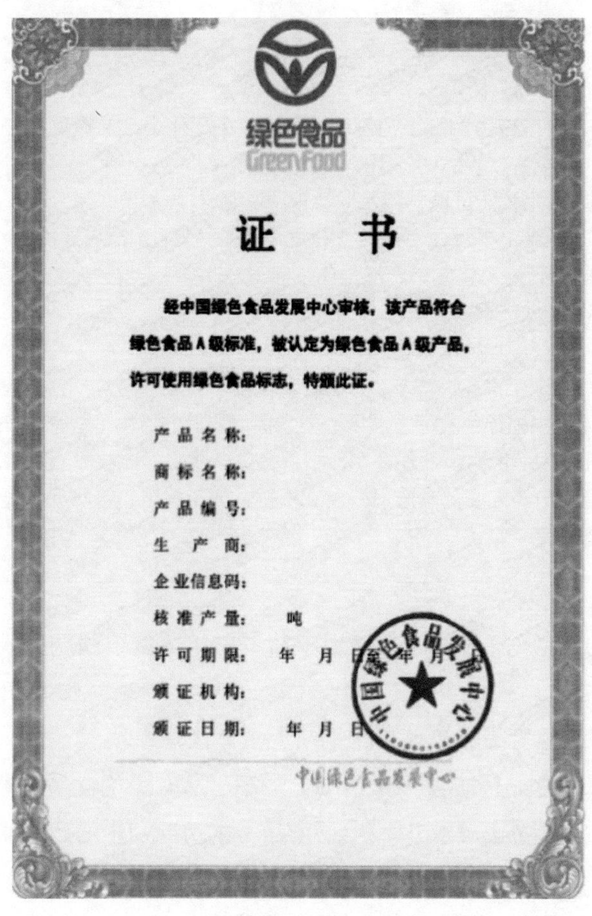

绿色食品
GreenFood

证　书

经中国绿色食品发展中心审核，该产品符合绿色食品A级标准，被认定为绿色食品A级产品，许可使用绿色食品标志，特颁此证。

产品名称：
商标名称：
产品编号：
生产商：
企业信息码：
核准产量：　　吨
许可期限：　　年　月　日至　年　月　日
颁证机构：
颁证日期：　　年　月　日

中国绿色食品发展中心

图 3-5　绿色食品标志使用证书范本

三、绿色食品申报材料内容和要求

（一）绿色食品食用菌产品申报材料清单

绿色食品食用菌产品申报材料清单如下。

（1）《绿色食品标志使用申请书》
（2）《食用菌调查表》
（3）质量控制规范
（4）生产技术规程
（5）基地位置图和种植基地分布图（工厂化生产需提供栽培车间分布图）
（6）基地来源证明材料及原料来源证明材料
（7）生产记录及绿色食品证书复印件（仅续展申请人提供）
（8）带有绿色食品标志的预包装标签设计样张（仅预包装产品提供）
（9）产地环境质量检测报告
（10）《产品检验报告》
（11）绿色食品抽样单
（12）中国绿色食品发展中心要求提供的其他材料（国家农产品质量安全追溯管理信息平台注册证明、绿色食品企业内部检查员证书）

注意：申请人要提前准备好营业执照，绿色食品检查员现场检查时会进行现场核实。

（二）《绿色食品标志使用申请书》和《食用菌调查表》的填写注意事项

1.《绿色食品标志使用申请书》填写注意事项

《绿色食品标志使用申请书》适用于所有绿色食品申报产品。主要包括申请人基本情况、申请产品基本情况和申请产品销售情况3部分内容，具体填写注意事项如下。

【申请书页面】

绿色食品标志使用申请书

初次申请□　续展申请□　增报申请□[①]

申请人（盖章）____________________

申　请　日　期______年____月____日

中国绿色食品发展中心

【填写注意事项】

①“初次申请”是指申请人第一次申请绿色食品标志使用权；“续展申请”是指已获得的绿色食品证书有效期满，需要继续使用绿色食品标志，在证书有效期满 3 个月前向绿色食品省级工作机构提出的申请；“增报申请”是指企业在已获证产品的基础上，申请在其他产品上使用绿色食品标志或增加已获证产品产量（如增报申请时，伴随已有产品续展应同时勾选续展申请，否则同时勾选初次申请）。

【申请书页面】

填表说明

1. 本申请书一式三份，中国绿色食品发展中心、省级工作机构和申请人各一份。

2. 本表应如实填写，所有栏目不得空缺，未填部分应说明理由。

3. 本申请书无签名、盖章无效。

4. 申请书的内容可打印或用蓝、黑钢笔或签字笔填写，语言规范准确、印章（签名）端正清晰。

5. 申请书可从中国绿色食品发展中心网站下载，用A4纸打印。

6. 本申请书由中国绿色食品发展中心负责解释。

【申请书页面】

保证声明

我单位已仔细阅读《绿色食品标志管理办法》有关内容，充分了解绿色食品相关标准和技术规范等有关规定，自愿向中国绿色食品发展中心申请使用绿色食品标志。现郑重声明如下：

1. 保证《绿色食品标志使用申请书》中填写的内容和提供的有关材料全部真实、准确，如有虚假成分，我单位愿承担法律责任。

2. 保证申请前三年内无质量安全事故和不良诚信记录。

3. 保证严格按《绿色食品标志管理办法》、绿色食品相关标准和技术规范等有关规定组织生产、加工和销售。

4. 保证开放所有生产环节，接受中国绿色食品发展中心组织实施的现场检查和年度检查。

5. 凡因产品质量问题给绿色食品事业造成的不良影响，愿接受中国绿色食品发展中心所作的决定，并承担经济和法律责任。

法定代表人（签字）：　　　　　　　　申请人（盖章）：

年　月　日

【申请书页面】

一　申请人基本情况

申请人（中文）					
申请人（英文）②					
联系地址③				邮编	
网址②					
统一社会信用代码④					
食品生产许可证号⑤					
商标注册证号⑥					
企业法定代表人		座机		手机	
联系人③		座机		手机	
内检员⑦		座机		手机	
传真②		E-mail②			
龙头企业⑧	国家级□　省（市）级□　地市级□				
年生产总值⑨（万元）			年利润⑨（万元）		
申请人简介					

注：申请人为非商标持有人，须附相关授权使用的证明材料。

【填写注意事项】

② 如无“申请人（英文）”“网址”“传真”“E-mail”可不填写。

③“联系地址”“联系人”等用于审查意见下发、合同寄送，务必填写真实有效的地址。

④“统一社会信用代码”填写营业执照中有效代码，总公司和分公司一同申报须填写总公司和分公司两者的统一社会信用代码并注明。

⑤“食品生产许可证号”填写食品生产许可证中的代码，如委托加工，应填写委托加工企业食品生产许可证中的代码并注明。

⑥ 如申请人在申请产品上使用商标，应提供该商标的商标注册证号，如为授权使用，还应在材料中提供商标注册人的授权使用合同、说明等材料。

⑦ 内检员须在“绿色食品内检员培训管理系统”中参加培训，并获得证书，同时挂靠申请人单位。

⑧“龙头企业”分为国家级、省（市）级和地市级，如不涉及可不勾选。

⑨“年生产总值”和“年利润”填写申请人所有产品的年生产总值和年利润。

【申请书页面】

二　申请产品基本情况

产品名称⑩	商标⑪	产量（吨）⑫	是否有包装⑬	包装规格⑭	绿色食品包装印刷数量⑮	备注

注：续展产品名称、商标变化等情况需在备注栏中说明。

【填写注意事项】

⑩“产品名称”是颁发绿色食品证书的重要依据，应在申请材料中保持一致并与产品包装标签（如有）一致。产品名称应符合国家现行标准或规章要求。

⑪“商标”应与商标注册证一致。若有图形、英文或拼音等，应按“文字 + 拼音 + 图形”或“文字 + 英文”等形式填写；若一个产品同一包装标签中使用多个商标，商标之间应用顿号隔开。同一产品可同时使用两个或两个以上的商标，应注明“商标 A”或“商标 A+ 商标 B”。同一产品名称的产品，使用不同商标按照不同产品申报，如“商标 A 牌香菇”“商标 A+ 商标 B 牌香菇”“商标 B 牌香菇”。

⑫“产量”应为该产品各种物理包装规格年产量总和。

⑬ 如填写“有包装”应在材料中提供产品包装标签复印件。

⑭“包装规格”指同一产品不同包装量的规格，如 500 克、2 000 克等。

⑮“绿色食品包装印刷数量”应分不同规格填写。

【申请书页面】

三　申请产品销售情况

产品名称	年产值（万元）	年销售额（万元）	年出口量⑯（吨）	年出口额⑯（万美元）

填表人（签字）：　　　　　　　　　　内检员（签字）：

注：内检员适用于已有中国绿色食品发展中心注册内检员的申请人。

【填写注意事项】

⑯“年出口量”“年出口额”如不涉及不填写。

2.《食用菌产品调查表》填写注意事项

《食用菌产品调查表》适用于涉及食用菌栽培的相关产品，加工环节须填写《加工产品调查表》，具体填写注意事项如下。

【调查表页面】

食用菌调查表

申请人（盖章）____________________

申 请 日 期______年____月____日

中国绿色食品发展中心

【调查表页面】

填 表 说 明

一、本表适用于食用菌鲜品或干品，食用罐头等深加工产品还须填写《加工产品调查表》。

二、本表一式三份，中国绿色食品发展中心、省级工作机构和申请人各一份。

三、本表应如实填写，所有栏目不得空缺，未填部分应说明理由。

四、本表无签字、盖章无效。

五、本表的内容可打印或用蓝、黑钢笔或签字笔填写，语言规范准确、印章（签名）端正清晰。

六、本表可从中国绿色食品发展中心网站下载，用A4纸打印。

七、本表由中国绿色食品发展中心负责解释。

【调查表页面】

一　申请产品情况

产品名称①	栽培规模② （万袋/万瓶/亩）	鲜品/干品年产量（吨）	基地位置③

【填写注意事项】

①“产品名称”填写食用菌或食用菌原料名称，并明确是鲜品还是干品，如“香菇（鲜）”“木耳（干）”。如申报产品为猴头菇饼干、香菇挂面等深加工产品，则表中填写的产品名称为“猴头菇”“香菇”。

②“栽培规模”应按不同作物分别填写，相互对应且与实际相符合。

③“基地位置”应填写申报作物的所有基地，且具体到村，单品作物 5 个以上的可另附基地清单。

【调查表页面】

二　产地环境基本情况

产地是否位于生态环境良好、无污染地区，是否避开污染源？	
产地是否距离公路、铁路、生活区 50 米以上，距离工矿企业 1 千米以上？④	
绿色食品生产区和常规生产区域之间是否有缓冲带或物理屏障？请具体描述⑤	
请描述产地及周边的动植物生长、布局等情况	

【填写注意事项】

④填写产地周边是否有工矿区和公路铁路干线，以及与基地的距离。对于产地分散、环境差异较大的，应分别描述。

⑤填写是否有绿化带、隔离带、防护网等防护措施与常规生产区域严格区分，描述具体隔离防护措施。

【调查表页面】

三　基质组成 / 土壤栽培情况

产品名称⑥	成分名称⑦	比例（%）	年用量⑧（吨）	来源⑨

注：1.“比例（%）”指某种食用菌基质中每种成分占基质总量的百分比。
2. 该表应根据不同食用菌依次填写。

【填写注意事项】

⑥“产品名称”要与表一“申请产品情况”中的产品名称保持一致。

⑦“成分名称”按照不同类别的基质、土壤分别填写，并填写出详细成分，如木屑、生石灰等。

⑧“年用量”指该项目在全部生长阶段的全年总用量。

⑨“来源”填写该项基质、土壤的生产单位、基地名称或“自给”等。

【调查表页面】

四　菌种处理

菌种（母种）来源⑩		接种时间	
外购菌种是否有标签和购买凭证?			
简述菌种的培养和保存方法⑪			
菌种是否需要处理？简述处理药剂有效成分、用量、用法⑫			

【填写注意事项】

⑩“菌种（母种）来源”填写该菌种的生产单位或“基地自繁”等。

⑪“简述菌种的培养和保存方法”分条填写播种前菌种的培养和保存方法，如培养箱恒温培养、冷库低温储存等。

⑫ 有药剂使用的，应填写药剂名称及使用方法。

【调查表页面】

五　污染控制管理

基质如何消毒？⑬	
菇房如何消毒？⑭	
请描述其他潜在污染源（如农药化肥、空气污染等）	

【填写注意事项】

⑬“基质如何消毒”填写基质的消毒方法，如高温灭菌、自然发酵灭菌、撒石灰粉灭菌等；若涉及药剂使用，应填写药剂名称、用量和使用方法。

⑭“菇房如何消毒”填写菇房的消毒方法，如清水冲洗、蒸汽灭菌、石灰消毒等；若林下种植，未设菇房请注明；若涉及药剂使用，应填写药剂名称、用量和使用方法。

【调查表页面】

六　病虫害防治措施

常见病虫害⑮		
采用何种物理防治措施？请具体描述		
采用何种生物防治措施？请具体描述		
农药使用情况		
产品名称⑯	通用名称⑰	防治对象⑱

注：1. 相关标准见《绿色食品　农药使用准则》（NY/T 393）。
　　2. 该表应按食用菌品种分别填写。

【填写注意事项】

⑮“常见病虫害”针对所种植的作物，填写往年及当地同种作物经常发生及容易造成重大危害的病虫害，应按作物名称分别填写。

⑯“产品名称”应同表一“申请产品情况”中的产品名称一致。

⑰“通用名称”填写农药包装标签中农药通用名称。

⑱“防治对象”应填写具体病虫草害名称。

【调查表页面】

七　用水情况

基质用水来源⑲		基质用水量（千克/吨）	
栽培用水来源⑲		栽培用水量（吨/亩）	

【填写注意事项】

⑲“基质用水来源”“栽培用水来源”分别填写基质、栽培灌溉水来源，如天然降水（雨水）、地表水、地下水等。

【调查表页面】

八　采后处理

简述采收时间、方式	
产品收获时存放的容器或工具及其材质，请详细描述	
收获后是否有清洁过程？如是，请描述清洁方法⑳	
收获后是否对产品进行挑选、分级？如是，请描述方法⑳	
收获后是否有干燥过程？如是，请描述干燥方法⑳	
收获后是否采取保鲜措施？如是，请描述保鲜方法⑳	
收获后是否需要进行其他预处理？如是，请描述其过程	
使用何种包装材料、包装方式、包装规格？是否符合食品级要求？㉑	
产品收获后如何运输？	

【填写注意事项】

⑳ 收获后清洁、挑选、干燥、保鲜等预处理措施应简要描述处理方法，包括工艺流程、器具、清洁剂、保鲜剂等使用情况等。

㉑ 包装材料应描述包装材料具体材质，包装方式应填写袋装、罐装、瓶装等。

【调查表页面】

九 食用菌初加工

请描述初加工的工艺流程和条件：[22]				
产品名称[23]	原料名称	原料量（吨）	出成率（%）	成品量[24]（吨）

【填写注意事项】

㉒ 加工工艺流程和条件应涵盖各个加工关键环节，有具体投入品描述，按流程分步骤填写，若各产品加工工艺不同，应分别填写。

㉓ “产品名称”按申请产品名称分别填写，并与《绿色食品标志使用申请书》一致。

㉔ “成品量”应与《绿色食品标志使用申请书》一致。

【调查表页面】

十 废弃物处理及环境保护措施[25]

填表人（签字）： 内检员（签字）：

【填写注意事项】

㉕ 主要针对栽培过程中投入品（如农药、化肥、地膜等）、包装袋、残次品、采收后的绿植、杂草以及收获后处理和初加工产生的废弃物如何处理，基地周边环境如何保护，按实际情况填写具体措施，措施应符合国家和绿色食品相关标准要求。

（三）资质证明材料要求

申请绿色食品标志需要提供的资质证明材料主要包括营业执照、商标注册证等，重点证明申请人所从事的生产具有合法资质，并具有相应的生产能力。

1. 营业执照（图 3–6）

营业执照可通过国家企业信用信息公示系统（网址：http://www.gsxt.gov.cn/index.html）查询。

（1）营业执照中的主体名称（绿色食品申请人）为企业法人、农民专业合作社、个人独资企业、合伙企业、家庭农场、国有农场、国有林场或兵团团场等生产单位。

（2）绿色食品申请日期距营业执照中的成立日期已满1年。

（3）申请人经营正常、信用信息良好，未列入经营异常名录、严重违法失信企业名单。

（4）经营范围应涵盖食用菌种植、食用菌产品生产经营等相关行业。

（5）应在有效期内。

（6）申请人无须提交纸质营业执照复印件，检查员现场检查核实。

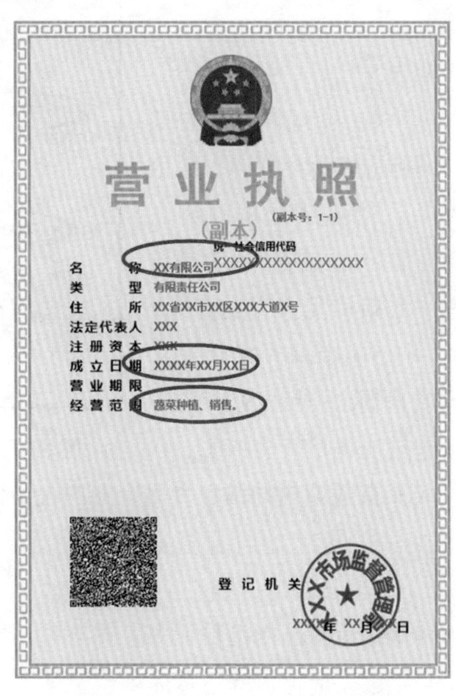

营业执照

（副本号：1-1）

（副本）

统一社会信用代码 XXXXXXXXXXXXXXXXXX

名　　称　XX有限公司

类　　型　有限责任公司

住　　所　XX省XX市XX区XXX大道X号

法定代表人　XXX

注册资本　XXX

成立日期　XXXX年XX月XX日

营业期限

经营范围　蔬菜种植、销售。

登记机关

XXX市场监督管理局

XXXX年 XX月 XX日

图 3–6　营业执照核实内容示例

2. 商标注册证（图 3-7）

商标注册证信息可通过中国商标网（网址：http://wcjs.sbj.cnipa.gov.cn/）查询。

（1）注册人应与申请人或其法定代表人一致，不一致的，应提供商标使用权证明材料（如商标变更证明、商标使用许可证明、商标转让证明、授权使用合同或协议等）。

（2）商标注册范围属于“核定使用商品”第31类并涵盖申报产品。

（3）商标应在注册有效期内。

（4）受理期、公告期的商标应按无商标申报绿色食品，待正式取得商标注册证后可向中国绿色食品发展中心申请免费变更商标。

（5）申请人无须提交纸质商标注册证复印件，检查员现场检查会核实。

第 XXXXXXXX 号

商标注册证

XXX

核定使用商品（第 31 类）

XXXXXXXX

注册人 XXXXXX

注册地址 XXXXXXXXXX

注册有效期限 自公元XXXX年XX月XX日 至 XXXX 年 XX月XX日

局长签发

商标局

图 3-7 商标注册证核实内容示例

3. 有效期内的绿色食品企业内检员证书复印件

内检员经培训合格后获得绿色食品内检员资格证书（图3-8），此证书中“所在企业”显示为“未挂靠”。选择所在企业后获得绿色食品内检员证书（图3-9）。

申请人应提供绿色食品内检员证书，证书中“所在企业”名称应与申请人名称一致，且应在有效期内。

绿色食品
GreenFood

绿色食品企业内部检查员
资格证书

所在企业：
证书编号：01202005000002

先生/女士，参加绿色食品企业内部检查员培训，按《绿色食品企业内部检查员培训大纲》完成规定课程，考试合格，取得绿色食品企业内部检查员任职资格，特发此证。

2020 年 05 月 26 日

图 3-8　绿色食品企业内检员资格证书核实内容示例

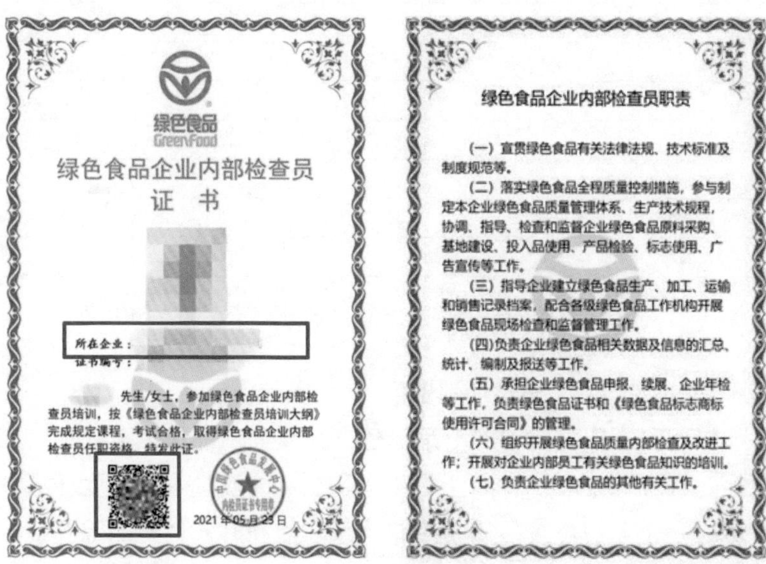

绿色食品
GreenFood

绿色食品企业内部检查员
证　书

所在企业：
证书编号：

先生/女士，参加绿色食品企业内部检查员培训，按《绿色食品企业内部检查员培训大纲》完成规定课程，考试合格，取得绿色食品企业内部检查员任职资格，特发此证。

2021 年 05 月 23 日

绿色食品企业内部检查员职责

（一）宣贯绿色食品有关法律法规、技术标准及制度规范等。

（二）落实绿色食品全程质量控制措施，参与制定本企业绿色食品质量管理体系、生产技术规程，协调、指导、检查和监督企业绿色食品原料采购、基地建设、投入品使用、产品检验、标志使用、广告宣传等工作。

（三）指导企业建立绿色食品生产、加工、运输和销售记录档案，配合各级绿色食品工作机构开展绿色食品现场检查和监督管理工作。

（四）负责企业绿色食品相关数据及信息的汇总、统计、编制及报送等工作。

（五）承担企业绿色食品申报、续展、企业年检等工作，负责绿色食品证书和《绿色食品标志商标使用许可合同》的管理。

（六）组织开展绿色食品质量内部检查及改进工作；开展对企业内部员工有关绿色食品知识的培训。

（七）负责企业绿色食品的其他有关工作。

图 3-9　绿色食品内检员证书核实内容示例

4. 国家农产品质量安全追溯管理信息平台注册证明

通过国家农产品质量安全追溯管理信息平台可查询到企业信息页（图3-10）。

国家农产品质量安全追溯管理信息平台

主体名称		
组织形式		
主体类型		
主体属性		
所属行业		
主体身份码		
证件类型		
企业注册号		
营业期限		
认证类型		
详细地址		
法人姓名		
身份证号		
联系电话		
联系人姓名		
联系人电话		
联系人邮箱		

图3-10　国家农产品质量安全追溯管理信息平台企业信息页

（四）绿色食品质量控制规范

绿色食品质量控制规范是绿色食品企业内部为规范绿色食品生产过程和保证绿色食品产品质量所制定的质量管理制度和活动规范，是企业绿色食品质量控制体系建立和有效运行的重要指导依据。

1. 编制原则

在制定绿色食品质量控制规范时应遵循以下原则。

（1）应符合国家农产品质量安全、食品安全、绿色食品有关法律法规、政策。

（2）应符合本单位组织模式、生产规模、质量管理能力。

（3）应注重制度规范的系统性、协调性和有效性，同时结合质量控制体系的运行情况和相关标准更新情况，不断修订、完善质量管理制度体系，持续提升绿色食品质量控制体系的有效性。

（4）应重点体现绿色食品"从土地到餐桌"的全程质量管理要求，覆盖绿色食品生产所有主要质量控制环节，规范对绿色食品生产的产前、产中和产后全过程的管理。

（5）可引进和实施ISO9000、ISO14000，以及以预防为主的食品安全控制体系——危害分析及关键控制（HACCP）等内容。应重点围绕"种植环境—投入品供应、管理—投入品使用—产品收获及初加工—产品检验—产品包装、贮藏运输"等主要环节和关键控制点，制定绿色食品质量控制措施。

（6）应由负责人签发，加盖申请人公章，并有生效日期。

2. 应制定的重点制度及内容（九大制度）

（1）建立质量责任制。申请人应根据绿色食品主体类型和组织模式，建立科学合理、分工明确的绿色食品生产管理组织架构，明确质量管理组织职责。应设立一名绿色食品内检员，重点负责绿色食品质量控制相关工作。

（2）基地（农户）管理制度。建立基地清单、农户清单、农户档案，存在50户以上农户时，应建立基地内控组织（基地内部分块管理），并制定相关管理制度。基地和所有农户应实行"统一供种、统一投入品、统一培训、统一操作、统一管理、统一收购"的"六统一"制度。

（3）投入品供应及使用制度。包括生产资料等采购、使用、仓储、领用制度。

（4）生产过程管理制度。包括品种选择、播种育苗、肥料使用、田间管理、病虫草害防治、采后处理、包装仓储、运输配送等相关管理制度。

（5）环境保护制度。包括基地环境监测保护制度、废弃物管理制度等。

（6）区分管理制度。如存在绿色食品和常规产品平行生产的情况，还应针对每个生产管理环节制定区分管理制度，防止绿色食品和常规产品混淆。

（7）培训与考核制度。包括绿色食品培训制度，同时针对绿色食品标准执行情况和质量控制情况建立考核制度等。

（8）内部检查及检测制度。包括质量安全检查制度、残次品处置制度、产品质量检测制度、质量事故报告和处理制度等。

（9）质量追溯管理制度。应按照“生产有记录，流向可追踪、信息可查询、质量可追溯”的要求，建立质量追溯管理制度和绿色食品全过程生产记录。

（五）生产操作规程

绿色食品生产操作规程是指导和落实绿色食品标准化生产的重要技术资料，是申请人计划、组织和控制绿色食品生产全过程以及保证绿色食品产品质量的重要依据。

1. 编写原则

（1）应由申请人结合本单位生产实际和绿色食品标准要求，自主编制或在有关技术部门指导协助下编制完成，不能用国家标准、行业标准、地方标准或技术资料代替。

（2）申请人应因地制宜，根据食用菌产品的种类、栽培特点、环境条件、设施水平、技术水平等综合因子，分类编制具备科学性、可操作性、实用性的生产技术规程。

（3）应按照绿色食品相关标准和全过程质量控制要求制定，产地环境、投入品、基质制作、栽培技术、收获处理、初加工、包装贮运、病虫害和杂菌防治等每个生产过程和技术环节要符合绿色食品标准和生产技术要求，应具有科学性、可操作性和实用性。例如，病虫草害防治应贯彻“预防为主、综合防治”的方针，充分体现绿色防控的技术特点，以农业、生物、物理措施为主，在必要时，合理使用《绿色食品　农药使用准则》（NY/T 393）中允许使用农药清单中规定的植保产品。

（4）应由负责人签发并加盖申请人公章。

2. 编写重点

（1）立地条件及厂区环境。基地及厂区环境应保证地势平坦、环境清洁、水质优良，并符合《绿色食品　产地环境质量》（NY/T 391）、《绿色食品　产地环境调查、监测与评价规范》（NY/T 1054）要求。

（2）菌种选择。菌种应优质高产、抗病抗逆性强、适应性广、商品性好，从具有资质的菌种经营单位购买，质量符合相关国家标准和行业标准的要求。

（3）栽培原料。栽培原料应来自安全生产农区，要求洁净、干燥、无虫、无霉、无异味，防止有毒有害物质混入，不应使用来源于污染农田或污染区农田的原料，质量符合《无公害食品　食用菌栽培基质安全技术要求》（NY 5099）和绿色食品相关规定的要求。

（4）菌种生产。应包括配料、装袋、灭菌、冷却、接种、发菌管理、出菌管理、包装及采收等，固体菌种生产应符合《食用菌种生产技术规程》（NY/T 528）的规定，菌种质量应符合相关国家标准和行业标准的要求。

（5）病虫害防治。应针对当地常见病虫害发生规律提出具体防治措施（包括农业、物理、化学和生物防治措施）。涉及化学防治的，应明确农药名称、防治对象、使用方法和使用时间，并符合《绿色食品　农药使用准则》（NY/T 393）的要求。

（6）收获及初加工。包括收获方式、产量、收后预处理及初加工（包括分级标准、保鲜措施等），平行生产及废弃物处理等应符合绿色食品相关标准的要求。

（7）包装储运。包装材料应清洁、干燥、无毒、无异味，符合《食品安全国家标准　食品接触用塑料材料及制品》（GB 4806.7）的规定；包装标识应清晰、规范、完整、准确，符合《包装储运图示标志》（GB/T 191）和《蔬菜包装标识通用准则》（NY/T 1655）的规定；贮存场所应干燥、清洁，避免阳光直射；运输时不得与有毒有害物品混装混运，运输中应有防晒、防潮、防雨、防杂菌污染的措施，并符合《绿色食品　储藏运输准则》（NY/T 1056）及相关绿色食品标准的要求。

3. 编写主要参考依据

NY/T 391　绿色食品　产地环境质量

NY/T 749　绿色食品　食用菌

NY/T 393　绿色食品　农药使用准则

GB/T 8321　绿色食品　农药合理使用准则

NY/T 394　绿色食品　肥料使用准则

NY/T 1054　绿色食品　产地环境调查、监测与评价规范

NY/T 1056　绿色食品　储藏运输准则

绿色食品生产操作规程（图3-11）

图 3-11 绿色食品生产操作规程汇编

(六)基地位置图、种植基地分布图、栽培车间分布图

基地位置图、种植基地分布图、栽培车间分布图是反映绿色食品生产基地位置、基地规模、实际生产布局及周边环境情况的重要技术资料。基地图应在调查核实基地实际情况的基础上绘制，确保真实全面、信息准确、清晰易读、方便核对。具体要求如下。

(1)基地位置图(图3-12)绘制范围为基地及其周边5千米区域，应准确标识出基地位置(具体到乡镇村)、基地面积、基地区域界限(包括行政区域界限、村组界限等)，以及基地内与周边的村庄、河流、山川、树林、道路、设施、污染源等。

(2)种植基地分布图(图3-13)应准确标识出地块大小、方位、边界、种植作物、相邻土地利用情况，地块流经河流、水井或其他水源位置，主要排灌系统、隔离设施等，原料仓库及集散地布局。

(3)栽培车间分布图(图3-14)应标示出加工厂面积、方位、边界、周边区域利用情况及各类不同生产区域功能。

(4)图的空白处应标明图例、指北、比例尺、绘制日期等绘图要素。

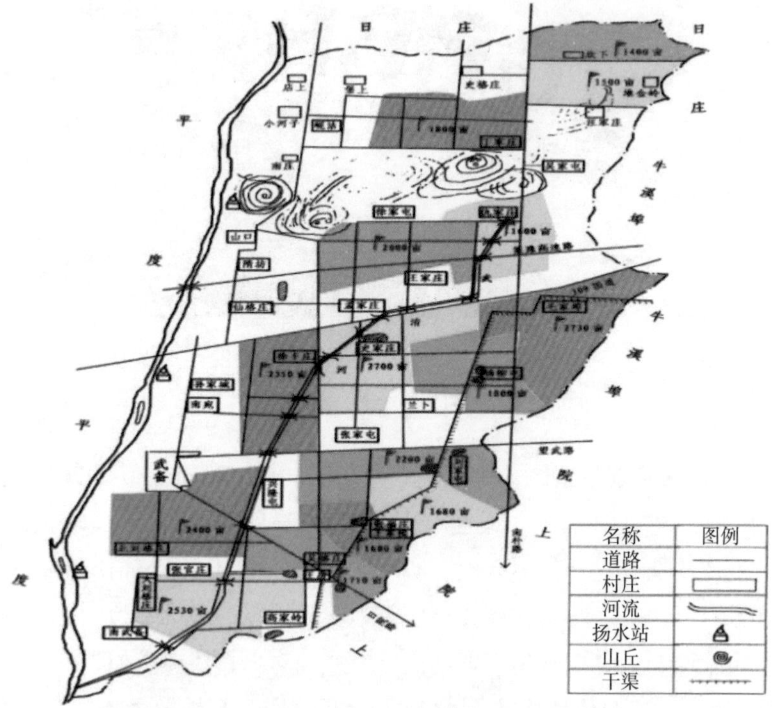

名称	图例
道路	——
村庄	▭
河流	≈
扬水站	⛰
山丘	◎
干渠	┿┿┿

图 3-12　基地位置图样图

图 3-13　种植基地分布图样图

注：红色线条范围内者为绿色食品种植基地。

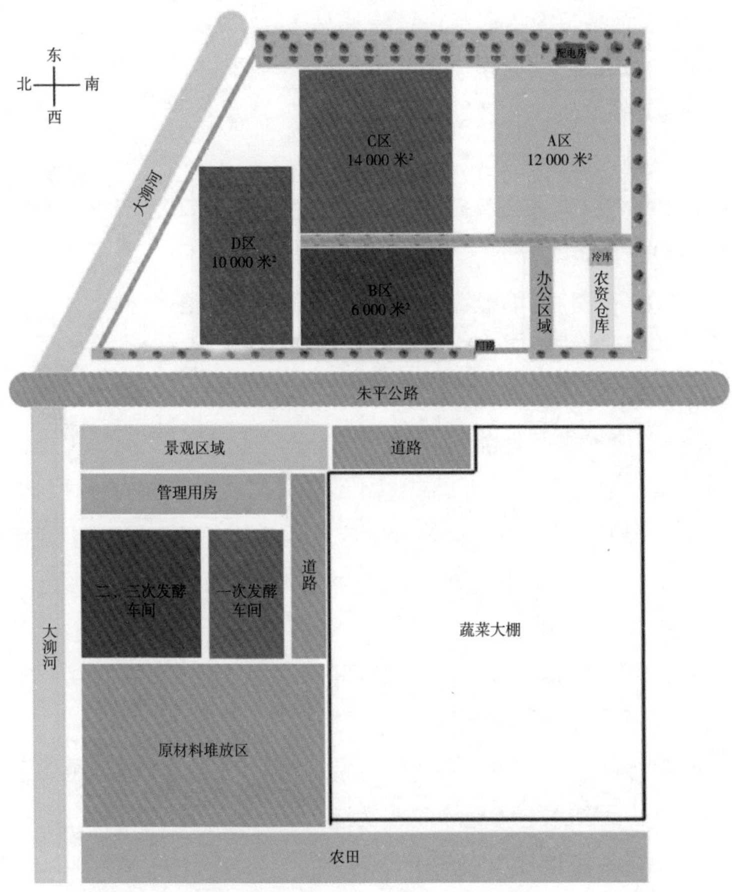

图 3-14　栽培车间分布图样图

（七）基地来源证明材料

证明材料包括基地权属证明、合同（协议）、农户（社员）清单等，不应有涂改或伪造。

1. 自有基地

（1）应提供基地权属证书，如产权证、林权证、国有农场所有权证书等。

（2）证书持有人应与申请人信息一致。

（3）基地使用面积应满足生产规模需要。

（4）证书应在有效期内。

2. 基地入股型合作社

（1）应提供合作社章程及农户（社员）清单，清单中应至少包括农户（社员）姓名、生产规模等栏目。

（2）章程和清单中签字、印章应清晰、完整。

（3）基地使用面积应满足生产规模需要。

3. 流转土地统一经营

（1）应提供基地流转（承包）合同（协议）及流转（承包）清单，清单中应至少包括农户（社员）姓名、生产规模等栏目。

（2）基地流入方（承包人）应与申请人信息一致；土地流出方（发包方）为非产权人的，应提供非产权人土地来源证明。

（3）基地使用面积应满足生产规模需要。

（4）合同（协议）应在有效期内。

（八）原料来源证明材料

证明材料包括合同（协议）、基地清单、农户（内控组织）清单及购销凭证等，不应有涂改或伪造。

1. 公司＋合作社（农户）

（1）应提供至少2份与合作社（农户）签订的委托生产合同（协议）样本及基地清单（农户清单）；合同（协议）有效期应在3年（含）以上，并确保至少一个绿色食品用标周期内原料供应的稳定性，内容应包括绿色食品质量管理、技术要求和法律责任等；基地清单（农户清单）中应包括序号、负责人、基地名称、合作社（农户）数、生产品种、面积（规模）、预计产量等栏目，并应有汇总数据（图3-15和图3-16）。

基地清单（模板）

序号	合作社名（基地村名）	农户数	栽培品种	栽培规模	预计产量	负责人员
合计						

申请人（盖章）

图 3-15　基地清单示例

农户清单（模板）

序号	基地村名	农户姓名	栽培品种	栽培规模	预计产量
合计					

申请人（盖章）

图 3-16　农户清单示例

（2）根据农户数量分别提供相应材料：①农户数50户（含）以下的应提供农户清单，清单中应包括序号、基地名称、农户姓名、生产品种、面积（规模）、预计产量等栏目，并应有汇总数据。②农户数50户以上1 000户（含）以下的，应提供内控组织（不超过20个）清单，清单中应包括序号、负责人、基地名称、农户数、生产品种、面积（规模）、预计产量等栏目，并应有汇总数据。③农户数1 000户以上的，应与合作社建立委托生产关系，被委托合作社应统一负责生产经营活动，并提供基地清单及被委托合作社章程。

（3）清单汇总数据中的生产规模或产量应满足申请产品的生产需要。

2. 外购全国绿色食品原料标准化生产基地原料

（1）应提供有效期内的基地证书。

（2）应提供申请人与全国绿色食品原料标准化生产基地范围内生产经营主体签订的原料供应合同（协议）及1年内的购销凭证。

（3）合同（协议）、购销凭证中的产品应与基地证书中批准的产品相符。

（4）合同（协议）有效期应在3年（含）以上，并确保至少1个绿色食品用标周期内原料供应的稳定性，生产规模或产量应满足申请产品的生产需要。

（5）购销凭证中收付款双方应与合同（协议）中一致。

（6）基地建设单位出具的确认原料来自全国绿色食品原料标准化生产基地和合同（协议）真实有效的证明。

3. 外购已获证产品及其副产品（绿色食品生产资料）

（1）应提供有效期内的绿色食品（绿色食品生产资料）证书。

（2）应提供与绿色食品（绿色食品生产资料）证书持有人签订的购买合同（协议）及1年内的购销凭证；供方（卖方）非证书持有人的，应提供绿色食品原料（绿色食品生产资料）来源证明，如经销商销售绿色食品原料（绿色食品生产资料）的合同（协议）及发票，或绿色食品（绿色食品生产资料）证书持有人提供的销售证明等。

（3）合同（协议）、购销凭证中产品应与绿色食品（绿色食品生产资料）证书中批准的产品相符。

（4）合同（协议）应确保至少一个绿色食品用标周期内原料供应的稳定性，生产规模或产量应满足申请产品的生产需要。

（5）购销凭证中收付款双方应与合同（协议）一致。

（九）包装标签设计样张（食用菌产品有包装时提供）

根据《中华人民共和国商标法》及《绿色食品标志管理办法》规定，绿色食品标志使用人在证书有效期内，可在获证产品及其包装、标签、说明书，以及在获证产品的广告宣传、展览展销等市场营销活动中使用绿色食品标志。如果申报产品为预包装产品，申请人提交申请时应同时提供包装标签设计样张，规范标注申请人名称、申报产品名称、绿色食品标志使用形式、执行标准等内容。

1. 绿色食品标志使用形式

绿色食品商标标志设计使用应依据《中国绿色食品商标标志设计使用规范手册》的规定，目前有7种绿色食品标志形式可以使用。绿色食品企业信息码（GF）是中国绿色食品发展中心赋予每个绿色食品标志使用人的唯一数字编码，与绿色食品标志（组合图形）在获证产品包装上配合使用。

绿色食品企业信息码编号形式：GF××××××××××××。GF是绿色食品英文“GREEN FOOD”首字母的缩写组合，后面为12位阿拉伯数字，其中1—6位为地区代码（按行政区划编制到县级），7—8位为获证年份，9—12位为当年标志使用人序号。企业信息码的形式与含义如图3-17所示。

GF	××××××	××	××××
绿色食品英文 GREEN FOOD 缩写	地区代码	获证年份	企业序号

图 3-17　绿色食品企业信息码形式和含义

2. 绿色食品标志使用原则

（1）基本要素保持不变。绿色食品标志的图形、中英文字体、字形、标准色（绿色）、注册符号标注位置等保持不变，确保绿色食品品牌形象整体保持不变。在个别产品包装不适宜使用标准色时，标志使用人可在其产品包装上使用其他颜色，但须经中国绿色食品发展中心审核备案。

（2）标志组合保持不变。主要是指在产品包装上使用时，绿色食品标志图形和绿色食品中英文组合基本保持不变。图形与文字等用标组合已经国家知识产权局商标局注册，受《中华人民共和国商标法》保护，在实际应用中基本保持不变，特别是在产品包装上使用时，须图形与文字组合出现在同一视野，不应单独使用图形或文字，确保绿色食品标志使用合法、规范。

（十）生产记录（续展时提供）

生产记录是用于追溯食用菌栽培、加工、产品贮存及产品销售等历史和质量有关情况的重要技术文件。绿色食品食用菌产品续展申报需要提供符合以下要求的生产记录。

（1）应提供上一用标周期绿色食品生产记录，包含投入品购买与领用、农事操作、产品收获、采后处理、包装标识、贮藏运输、产品销售等记录，保证能追溯上一用标周期从基地生产到销售的全过程，同时应有当地农业行政主管部门的指导和监督。

（2）详细记载生产活动中所使用过的基质使用情况和投入品的名称、来源、用法、用量、使用日期、停用日期；详细记载生产过程中病虫害的预防措施、发生情况和防治技术措施。

（3）生产记录应现场记录，不应事后批量补写，也不应事前估算填写。

（4）生产记录应有固定格式，且书写规范，操作人和审核人应亲笔签名，确保记录真实性。

（5）禁止伪造生产记录。

（十一）其他文件

（1）基质组成应符合生产实际，各成分来源明确，并提供购买合同（协议）和购销凭证。

（2）如采用设备烘干工艺，申报主体一律要求有食品生产许可，如未使用烘干或其他干制设备，无须提供食品生产许可，但须经检查员现场核实后由市县级及以上绿色食品工作机构提供相关证明。

第四章 绿色食品食用菌申报范例

一、农场化绿色食品食用菌生产申报范例

本部分以××家庭农场初次申请绿色食品的申报材料为例，该企业成立于2017年6月，是一家主要从事香菇、黑木耳、黄金木耳、猴头菇种植销售的农业主体。基地位于××村，农场坚持“绿色·生态·环保”发展理念，实施原生态种植和养殖，注重产品从农田到餐桌的质量管控，培育出高品质特色农产品。农产品对接农贸市场、超市、实体店销售，受到消费者青睐。

××家庭农场每年利用种植后的下脚料转化为有机肥还田，年产有机肥12万吨，满足了当地蔬菜园艺场和林果生产基地对有机肥的需求，找到了一条生态农业发展新途径。在把食用菌产业做大做强的同时，××家庭农场积极参与农村综合帮扶工作，帮扶了90余个贫困户就业问题，解决了他们的最低生活保障。

××家庭农场绿色食品初次申请材料包括：《绿色食品标志使用申请书》与《食用菌调查表》、质量控制规范、生产操作规程、基地图、合同协议类文件、资质证明文件和采购证明文件等。

（一）申请书和调查表填写范例

1.《绿色食品标志使用申请书》填写范例

农场《绿色食品标志使用申请书》填写范例如下。其中所填写的内容仅供参考，请申请人根据本农场实际情况填写。

绿色食品标志使用申请书

初次申请☑　续展申请□　增报申请□

申报单位：××家庭农场

申报时间：2021 年 6 月 27 日

中国绿色食品发展中心

填表说明

1. 本申请书一式三份，中国绿色食品发展中心、省级工作机构和申请人各一份。

2. 本表应如实填写，所有栏目不得空缺，未填部分应说明理由。

3. 本申请书无签名、盖章无效。

4. 申请书的内容可打印或用蓝、黑钢笔或签字笔填写，语言规范准确、印章（签名）端正清晰。

5. 申请书可从中国绿色食品发展中心网站下载，用A4纸打印。

6. 本申请书由中国绿色食品发展中心负责解释。

保证声明

我单位已仔细阅读《绿色食品标志管理办法》有关内容，充分了解绿色食品相关标准和技术规范等有关规定，自愿向中国绿色食品发展中心申请使用绿色食品标志。现郑重声明如下：

1. 保证《绿色食品标志使用申请书》中填写的内容和提供的有关材料全部真实、准确，如有虚假成分，我单位愿承担法律责任。

2. 保证申请前三年内无质量安全事故和不良诚信记录。

3. 保证严格按《绿色食品标志管理办法》、绿色食品相关标准和技术规范等有关规定组织生产、加工和销售。

4. 保证开放所有生产环节，接受中国绿色食品发展中心组织实施的现场检查和年度检查。

5. 凡因产品质量问题给绿色食品事业造成的不良影响，愿接受中国绿色食品发展中心所作的决定，并承担经济和法律责任。

法定代表人（签字）：王永定　　申请人（盖章）×××家庭农场

2021年6月27日

一　申请人基本情况

<table>
<tr><td>申请人（中文）</td><td colspan="5">××家庭农场</td></tr>
<tr><td>申请人（英文）</td><td colspan="5">/</td></tr>
<tr><td>联系地址</td><td colspan="3">陕西省××市××县××村</td><td>邮编</td><td>××××××</td></tr>
<tr><td>网址</td><td colspan="5">/</td></tr>
<tr><td>统一社会信用代码</td><td colspan="5">××××××××××××××</td></tr>
<tr><td>食品生产许可证号</td><td colspan="5">/</td></tr>
<tr><td>商标注册证号</td><td colspan="5">/</td></tr>
<tr><td>企业法定代表人</td><td>王先生</td><td>座机</td><td>/</td><td>手机</td><td>189××××8839</td></tr>
<tr><td>联系人</td><td>王先生</td><td>座机</td><td>/</td><td>手机</td><td>183××××6618</td></tr>
<tr><td>内检员</td><td>王先生</td><td>座机</td><td>/</td><td>手机</td><td>183××××6618</td></tr>
<tr><td>传真</td><td>/</td><td>E-mail</td><td colspan="3">306732675@qq.com</td></tr>
<tr><td>龙头企业</td><td colspan="5">国家级□　省（市）级□　地市级□</td></tr>
<tr><td>年生产总值（万元）</td><td colspan="2">1 240</td><td colspan="2">年利润（万元）</td><td>280</td></tr>
<tr><td>申请人简介</td><td colspan="5">××家庭农场位于××县××村，成立于2017年6月，主要从事中蜂养殖，香菇、木耳、猕猴桃、蔬菜种植。农场坚持“绿色·生态·环保”发展理念，选择生态环境优美的适宜环境实施原生态种植和养殖，注重产品从农田到餐桌的质量管控，先后开发出土蜂蜜、金耳、木耳、香菇、猴头菇等高品质特色农产品。农产品对接农贸市场、超市、实体店销售，受到消费者青睐。
该家庭农场先后被认定为县级、省级示范家庭农场、就地就近就业扶贫示范基地；农场主王先生先后被汉中市文明办表彰为“最美系列人物”和“十星级文明户”，被县委、县政府表彰为脱贫明星，汉中市脱贫指挥部表彰为汉中市产业扶贫十佳脱贫明星和“最美致富带头人”。</td></tr>
</table>

注：申请人为非商标持有人，须附相关授权使用的证明材料。

二　申请产品基本情况

产品名称	商标	产量（吨）	是否有包装	包装规格	绿色食品包装印刷数量	备注
猴头菇（鲜）	/	540	否	/	/	/
香菇（鲜）	/	300	否	/	/	/
椴木黑木耳（干）	/	30	否	/	/	/
椴木黄金木耳（干）	/	20	否	/	/	/

注：续展产品名称、商标变化等情况需在备注栏中说明。

三　申请产品销售情况

产品名称	年产值（万元）	年销售额（万元）	年出口量（吨）	年出口额（万美元）
猴头菇（鲜）	540	540	/	/
香菇（鲜）	480	480	/	/
椴木黑木耳（干）	120	120	/	/
椴木黄金木耳（干）	100	100	/	/

填表人（签字）：王敬廷　　内检员（签字）：王敬廷

注：内检员适用于已有中国绿色食品发展中心注册内检员的申请人。

2.《食用菌调查表》填写范例

农场《食用菌调查表》填写范例如下。其中所填写的内容仅供参考，请申请人根据本农场实际情况填写。

食用菌调查表

申请人（盖章）____××家庭农场____

申请日期__2021__年__6__月__27__日

中国绿色食品发展中心

填 表 说 明

一、本表适用于食用菌鲜品或干品，食用菌罐头等深加工产品还须填写《加工产品调查表》。

二、本表一式三份，中国绿色食品发展中心、省级工作机构和申请人各一份。

三、本表应如实填写，所有栏目不得空缺，未填部分应说明理由。

四、本表无签字、盖章无效。

五、本表的内容可打印或用蓝、黑钢笔或签字笔填写，语言规范准确、印章（签名）端正清晰。

六、本表可从中国绿色食品发展中心网站下载，用A4纸打印。

七、本表由中国绿色食品发展中心负责解释。

一 申请产品情况

产品名称	栽培规模（万袋 / 万瓶 / 亩）	鲜品 / 干品年产量（吨）	基地位置
猴头菇（鲜）	基质 60 万袋	鲜品：540	陕西省 ×× 市 ×× 县 ×× 村
香菇（鲜）	基质 40 万袋	鲜品：300	陕西省 ×× 市 ×× 县 ×× 村
椴木黑木耳（干）	椴木 20 000 架	鲜品：150	陕西省 ×× 市 ×× 县 ×× 村
椴木黄金木耳（干）	椴木 10 000 架	鲜品：100	陕西省 ×× 市 ×× 县 ×× 村

二 产地环境基本情况

产地是否位于生态环境良好、无污染地区，是否避开污染源？	是
养殖基地是否距离公路、铁路、生活区 50 米以上，距离工矿企业 1 千米以上？	是
绿色食品生产区和常规生产区域之间是否有缓冲带或物理屏障？请具体描述	绿色食品生产区和常规生产区域之间有山川、沟壑、树木等缓冲带隔离
请描述产地及周边的动植物生长、布局等情况	厂区内绿化良好，厂区外种植了树木

三　基质组成 / 土壤栽培情况

产品名称	成分名称	比例（%）	年用量（吨）	来源
猴头菇（鲜）	木屑	80	975	陕西 ×× 有限公司
	麦麸	19	225	西安 ×× 有限公司
	石膏	1	12.5	×× 县 ×× 有限公司
香菇（鲜）	木屑	81	648	陕西 ×× 有限公司
	麦麸	18	144	西安 ×× 有限公司
	石膏	1	8	×× 县 ×× 有限公司
椴木黑木耳（干）	青冈木	100	100	当地自产青冈木
椴木黄金木耳（干）	青冈木	100	50	当地自产青冈木

注：1.“比例（%）”指某种食用菌基质中每种成分占基质总量的百分比。

2. 该表应根据不同食用菌依次填写。

四　菌种处理

菌种（母种）来源	山东 ×× 公司购买	接种时间	夏猴头菇：1 月装袋中旬接种 冬猴头菇：10 月初装袋，10 月中旬接种 夏香菇：1 月装袋，1 月中旬接种 冬香菇：10 月初装袋，10 月中旬接种 椴木黑木耳：2 月接种，3 月起架 黄金木耳：12 月接种，翌年 3—4 月起架
外购菌种是否有标签和购买凭证？	外购，有完整的购买记录		
简述菌种的培养和保存方法	培养室 6 ~ 18℃保存		
菌种是否需要处理？简述处理药剂有效成分、用量、用法	菌种外购，不经过任何处理		

五　污染控制管理

基质如何消毒？	基质高温灭菌、基质外部用酒精擦拭；椴木接种口用酒精擦拭
菇房如何消毒？	菇房地面抛撒生石灰，空间用稀释二氯异氰尿酸钠消毒剂点燃后以烟雾消毒；椴木基地地面抛撒生石灰，喷施二氯异氰尿酸钠消毒剂进行消毒
请描述其他潜在污染源（如农药化肥、空气污染等）	使用二氯异氰尿酸钠进行消毒，不使用化肥。基地位于大山深处，不存在空气污染

六　病虫害防治措施

常见病虫害	猴头菇：病害有绿色木霉、青霉、根霉等霉菌；虫害有菇蝇、菇蚊、蜗牛、菌蛆等 香菇：病害有木霉菌、裂褶菌、鳞皮扇菌、桦褶孔菌、云芝等；虫害有菇蝇、菇蚊、蜗牛、菌蛆等 椴木黑木耳、椴木黄金木耳：病害有革菌、多孔菌、青霉、木霉等；虫害有蜗牛、菌蛆、蓟马、蛞蝓、伪步行虫、四斑丽胛等
采用何种物理防治措施？请具体描述	1. 设施猴头菇、香菇 （1）保持大棚内外环境卫生清洁，防止杂菌、虫害滋生 （2）保持防虫网无破损，防止害虫大量飞入，有破损处及时补上 （3）保持菌袋表面清洁干净，在螨虫经常出现的地方喷洒 75% 酒精，悬挂粘虫板防治菇蚊、菇蝇 （4）保持大棚内通风良好，防止闷棚造成病虫害大量发生 （5）地面抛撒生石灰，防治病虫害的发生 2. 椴木黑木耳、椴木黄金木耳 （1）在砍树、剃枝、截段、翻堆等过程中，尽量不要损伤树皮，截口和伤口要用石灰水消毒，以防杂菌侵入 （2）选用优良菌种，适当提早接种季节，把好接种质量关，使菌丝在耳木中占优势，以抑制杂菌为害 （3）认真清理耳场，并撒施石灰粉进行地面消毒，消灭越冬害虫，以切断病源和虫源 （4）耳木上出现杂菌时应及时刮除，以防孢子扩散，并用石灰水洗刷耳木，放于烈日下暴晒 2 ~ 3 天，然后再用酒精喷雾杀灭 （5）地面抛撒生石灰，预防病虫害的发生

采用何种生物防治措施？请具体描述	/	
农药使用情况		
产品名称	通用名称	防治对象
不使用农药		

注：1. 相关标准见《绿色食品 农药使用准则》（NY/T 393）。
2. 该表应按食用菌品种分别填写。

七 用水情况

基质用水来源	生活饮用水	基质用水量（千克 / 吨）	800
栽培用水来源	生活饮用水	栽培用水量（吨 / 亩）	20

八　采后处理

简述采收时间、方式	夏猴头菇、香菇: 3月底至10月采收 冬猴头菇、香菇: 11月至翌年5月采收 椴木黑木耳: 5月至10月采收 椴木黄金木耳: 5月至10月采收
产品收获时存放的容器或工具及其材质，请详细描述	香菇（鲜）、猴头菇（鲜）收获后存放于食品级塑料筐内 椴木黑木耳、椴木黄金木耳收获后晾晒，用食品级塑料袋包装
收获后是否有清洁过程？如是，请描述清洁方法	否
收获后是否对产品进行挑选、分级？如是，请描述方法	是，收获后进行人工挑选、分级
收获后是否有干燥过程？如是，请描述干燥方法	是，椴木黑木耳、椴木黄金木耳收获后在晾晒场晾晒
收获后是否采取保鲜措施？如是，请描述保鲜方法	是，香菇、猴头菇冷库存放，有明显标识
收获后是否需要进行其他预处理？如是，请描述其过程	否
使用何种包装材料、包装方式、包装规格？是否符合食品级要求？	香菇（鲜）、猴头菇（鲜）无包装，使用塑料周转筐进行周转 椴木黑木耳、椴木黄金木耳采用编织袋包装周转。包装材质为食品级
产品收获后如何运输？	香菇（鲜）、猴头菇（鲜）用专用厢式冷链车运输；椴木黑木耳、椴木黄金木耳用专车运输

九 食用菌初加工

请描述初加工的工艺流程和条件：
椴木黑木耳原料→筛选、去杂→人工自然晾晒→包装→销售
椴木黄金木耳原料→筛选、去杂→人工自然晾晒→包装→销售

产品名称	原料名称	原料量（吨）	出成率（%）	成品量（吨）
椴木黑木耳（干）	黑木耳	鲜品：150	20	30
椴木黄金木耳（干）	黄金木耳	鲜品：100	20	20

十 废弃物处理及环境保护措施

椴木、废弃菌棒脱袋后直接运输至当地有机肥厂，其他废弃物进行无害化处理，保护当地生态环境

填表人（签字）：王永廷　　　　内检员（签字）：王永廷

（二）质量控制规范编制范例

绿色食品质量控制规范范例如下。其内容仅供参考，请申请人根据本农场实际情况填写实际情况编制相应的质量控制规范并遵照执行。

××家庭农场质量控制规范

1 农场组织结构设置

农场组织结构如下图所示。

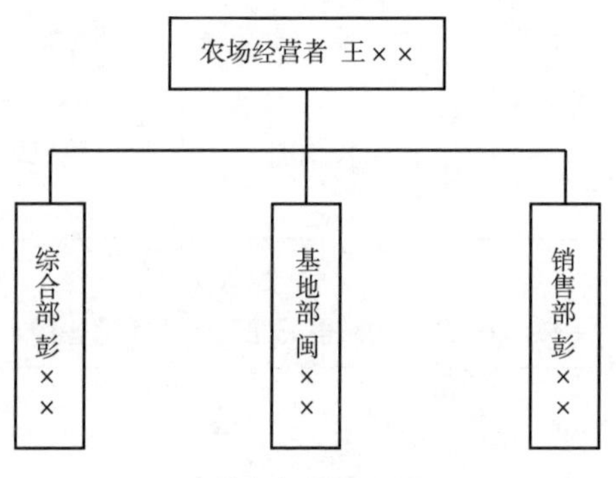

农场组织结构设置

2 人员分工及岗位职责

2.1 农场经营者

2.1.1 全面负责本农场的经营与管理，对本农场绿色食品产品质量和服务质量负责。

2.1.2 负责批准颁布本农场《绿色食品生产质量管理手册》，并为管理体系的建立、实施和改进提供必要的资源。

2.1.3 负责农场机构设置和员工配置，并任命各部门负责人。

2.1.4 制定农场经营管理的具体计划和策略，并负责组织实施。

2.1.5 领导和负责员工的队伍建设，努力提高企业素质，严格对管理干部的考核，重视人才的培养和开发。

2.2 基地部

2.2.1 基地部负责基地种植生产技术的指导和实施。

2.2.2 有计划、有重点地观察各种作物的生长规律及特点，根据实际情况及时制订出适合的种植计划并付诸实践，同时，指导种植人员科学管理种植基地，有效解决种植中遇到的困难。

2.2.3 每天对种植基地进行一次观察，及时了解植株的生长状况，并对观察的情况进行记录。

2.2.4 对种植的日常操作整理和统计。

2.2.5 将种植记录、田间档案记录整理成册，保存到档案袋。

2.2.6 指导种植人员接种、种植期生长管理，定期给种植人员传授种植基础知识和实用技术。

2.3 销售部

2.3.1 负责基地产品销售工作。

2.3.2 负责产品入库、出库时间等记录。

2.3.3 负责验收收获后的产品质量，出入库情况，不合格产品的处理和召回工作。

2.3.4 负责产品对外销售联络、协调等工作。

2.4 综合部

2.4.1 根据本农场业务策略要求和需求分析，提出、上报本农场年度人力资源规划。

2.4.2 负责建立、完善本农场培训体系，根据各部门提出的培训需求，拟定培训计划、培训预算，经审批后执行。

2.4.3 执行本农场相关绩效管理方针、政策，完善、制定员工绩效管理制度，经审批后组织实施。

2.4.4 负责本农场安全生产监督管理工作，通过检查、监督、完善制度等手段确保企业安全生产。

3 投入品管理

3.1 投入品采购制度

3.1.1 菌种：选用山东七河公司的菌种。猴头菇选用长毛猴头菇和短毛猴头菇两个品种；椴木香菇选用香菇 808、香菇 908；木耳选用单片木耳新科 5 号。品种均经过品种认定。

3.1.2 主辅料：木屑、麦麸、石膏，椴木均有固定来源。

3.1.3 用水管理：基地使用当地山泉水作为生产用水，水质经检测机构检验合格。

3.1.4 消毒剂：菇房使用二氯异氰尿酸钠保菇王消毒剂喷雾消毒，地面使用生石灰消毒；菌棒使用高温灭菌，接种工具和菌袋用酒精擦拭。

3.2 投入品仓库管理制度

3.2.1 种植基地配备专门的投入品仓库，投入品入库前必须进行检验，检验合格后方可入库。入库的投入品要进行分类整理且排放整齐，并作好登记，其中包括投入品的品种、数量、规格等，并做好“投入品仓库管理卡”。

3.2.2 菌种、消毒剂应在干燥、通风的专用仓库分别储存。

3.2.3 领取投入品须填好“投入品仓库管理卡”。菌种、消毒剂等使用后如有剩余，必须及时退回仓库，并办理相应的手续，以防止散失给人、畜、作物和环境带来危害。

3.2.4 对使用后的投入品包装进行回收，以防止造成环境二次污染。

4 种植过程管理

4.1 专人负责母种、原种、栽培种培养基的配制。

4.2 配制培养基时，必须严格按照规定的配方和技术规程配制，并做好生产记录。

4.3 填写“培养基档案资料”。

4.4 培养基配制员应对原料做最终检查，不合格原料不得使用。

4.5 灭菌操作

4.5.1 母种和原种培养基灭菌应采用高压蒸汽灭菌。按规定程序操作灭菌，注意对灭菌锅的维护保养，确保其处于正常工作状态。

4.5.2 尽量缩短从配制培养基到灭菌的时间，不得超过《食用菌菌种生产技术规程》（NY/T 528）要求的时间限度。从培养基配制到进锅最长间隔时间不要超过 6 小时。

4.5.3 灭菌物品要正确摆放。各级菌种培养基灭菌都不可直接叠压。

4.5.4 升压前要排尽锅内冷空气，使被灭菌物品处于饱和蒸汽状态，冷却降压要缓慢，压力回到常压前不可排汽。

4.5.5 要按要求准确控制灭菌时间和灭菌压力，要保持灭菌过程蒸汽的平稳，进气压力和流量不能波动太大。若出现供汽不足或暂停等情况做应急处理，并做好记录。容量大和高温高湿期酌情延长灭菌时间。

4.5.6 应准确填写“高压灭菌锅巡查记录表”。

4.5.7 灭菌出锅的培养基要及时转移到专用的洁净区（室）或冷却室摆斜面，冷却降温。

4.6 菌种要求

要严格执行农场《食用菌菌种生产技术规程》（NY/T 528），从具相应资质的供种单位引种。各级种源要菌龄适宜。

4.7 接种

4.7.1 接种严格按照无菌操作规程进行。接种前认真核对菌种标签。

4.7.2 接种箱（室）坚持使用前后及时消毒，以确保洁净。接完种后的接种箱要用消毒剂擦洗。

4.7.3 接种动作要快捷、轻盈、稳健、准确，接种钩不能触碰任何物体。每次接种后接种钩均要在火焰上灼烧灭菌，待冷却后再行下次接种。

4.7.4 接种时要严格按技术要领操作。控制好接种部位、接种块大小和扩大培养倍数，要严格执行《食用菌菌种生产技术规程》（NY/T 528）的相关规定。

4.7.5 不同品种要分箱、分批接种，以防混淆。

4.7.6 菌种的老种块和表层或上端老化菌丝必须耙除。

4.7.7 接种完毕后要及时填写“接种情况记录表”。

4.8 培养

4.8.1 培养室使用前必须预先消毒，通风 1 ~ 3 天后才能使用。

4.8.2 培养基接上菌种后应分批、分类地排放在培养室内，尽量将不同品种排放于不同的培养架上。培养时菌袋（瓶）不可堆叠，应单层放于床架上。

4.8.3 培养室的温度保持恒定，控制在适宜的菌丝生长温度范围。

4.8.4 培养室内保持黑暗，相对湿度控制在 50% ~ 75%。

4.8.5 定期检查并填写“菌种培养室观测记录表”，及时剔除污染和异常个体。

4.8.6 菌丝生长满之前应做 2 ~ 3 次检查,使用前再重新逐个检查。母种接种后 24 ~ 48 小时进行首次检查，72 ~ 96 小时进行第二次检查，长至斜面 50% ~ 70% 时进行第三次检查，长满前做最后成品检查。

4.8.7 菌丝长满培养基后应及时移到储存室入库保管。

4.9 菇房管理

4.9.1 提前一天清扫出菇场地，撒一层二氯异氰尿酸钠消毒粉进行消毒。

4.9.2 菌袋到场后散开排放，不得堆高。袋与袋间距 5 ~ 10 厘米。距离太小，出菇多时易挤压，造成菇型变样，菌盖不圆整；通风效果差，易长出梗菇与缺氧开伞，影响品质。距离过大，造成空间浪费，排袋量少。

5 种植基地的环境保护制度

5.1 种植生产基地应加强对自身环境的保护，及时回收田间的废弃物等，保持基地整洁。

5.2 生产基地应杜绝污染源的产生，同时杜绝有污染的生产项目，杜绝排放生活污水，禁止使用对环境有严重影响的化学制剂。

5.3 禁止向生产基地排放重金属、硝酸盐、油类、酸液、碱液、废液、放射性废水和未经处理的含病原体的污水，或者倾倒、填埋有害的废弃物和生活垃圾。

6 采收、包装、运输、贮存

6.1 采收技术要求

6.1.1 采收期确定

香菇七八成熟，即菌膜已破，菌盖尚未完全开展，尚有少许内卷，形成“铜锣边”，菌褶已全部伸长并由白色转为黄褐色或深褐色时，为香菇最适时的采收期，必须根据采大留小的原则采收。

6.1.2 采收方法

根据食用菌的成熟度采收，采菇时要摘干净菌袋或椴木上留下的菌脚，并对死菌进行清除以免产生绿霉。采收时用手指摘菌的底部，并把根部处理干净，以免溃烂。

6.1.3 注意事项

注重采摘技术，凡是带柄菇类，如香菇、猴头菇、黑木耳、金木耳等采收时，必须根据采大留小的原则采收。摘菇时大拇指和食指捏紧菇柄的基部，先左右旋转，再轻轻向上拔起。注意不要碰伤小菇蕾。

6.2 采收过程污染控制要求

6.2.1 采收用具：保证采收器物没有任何污染，采收过程不能造成污染。

6.2.2 产品堆放：果品堆放使用标准容器，并保持洁净。

6.2.3 贮藏场所和运输工具：清洁卫生、无异味，禁止与有毒、有异味的物品混存、混运。

6.2.4 人员卫生：操作人员要身体健康，保持卫生，穿着工作服，工作服保持整洁，佩戴手套、口罩等，工间休息应该在指定位置。

6.3 包装、运输、贮存

包装应符合《绿色食品　包装通用准则》（NY/T 658）要求，果品贮藏、运输应符合《绿色食品　储藏运输准则》（NY/T 1056）要求。贮藏、运输期间不使用化学药品保鲜。贮藏场所和运输工具清洁卫生、无异味，禁止与有毒、有异味的物品混放混运。应有专用区域贮藏并有明显标识。

（三）生产操作规程编制范例

××家庭农场的绿色食品食用菌生产操作规程编制范例如下，其中包括猴头菇、香菇、椴木黑木耳、椴木黄金木耳4个产品的生产操作规程。其内容仅供参考，申请人应根据本农场实际情况编写本企业的生产操作规程。

××家庭农场绿色食品猴头菇生产操作规程

1 范围

本规程规定了绿色食品猴头菇生产的名词术语、环境产地条件、原料使用条件、栽培工艺流程及出菇管理技术要求。

本规程适用于××家庭农场绿色食品猴头菇生产。

2 引用标准

NY/T 391 绿色食品 产地环境质量

NY/T 393 绿色食品 农药使用准则

NY/T 394 绿色食品 肥料使用准则

NY/T 749 绿色食品 食用菌

NY/T 658 绿色食品 包装通用准则

NY/T 1056 绿色食品 储藏运输准则

GB 14881 食品生产通用卫生规范

3 生产条件要求

3.1 产地环境条件应符合 NY/T 391 的要求。

3.2 茬口安排及品种选择

3.2.1 茬口安排

结合农场所在环境条件，采用春茬栽培，气温在8℃以上的季节均可栽培。夏猴头菇在1月初装袋，1月中旬接种；冬猴头菇在10月初装袋，10月中旬接种。

3.2.2 品种选择及菌种选择

3.2.2.1 品种选择：家庭农场根据猴头菇的特性种植长毛猴头菇和短毛猴头菇两个品种。

3.2.2.2 菌种选择：选用菌种时要求不退化、不混杂，从外观看菌丝洁白、绒毛状，生长致密、均匀、健壮、无污染。

3.2.2.3 猴头菇菇棚的建造：根据猴头菇正常生长发育的基本条件，建造棚室作菇房，一场两用，既是菌丝培养室，又是子实体生长发育的出菇室。菇房棚高 3.0 米，棚内培养架采用木棍、竹竿分层搭设，架高 2.0 米，宽 0.6 米，底层距地面 0.2 米，层架间距 0.3 ~ 0.4 米，以设 7 层为宜，中间留 0.8 米。

4 栽培工艺流程

培养料的配制→装袋灭菌→菇房消毒→冷却→接种→培养→出菇管理→采收

4.1 培养料配制

4.1.1 木屑 80%：使用青冈木木屑，针叶树和含芳香味的树种不能使用。木屑块状，0.7 厘米 × 0.4 厘米 × 0.15 厘米左右（10 ~ 12 目），无霉变、无杂质。木屑在生产前，夏天提前 2 个月、冬天提前 3 个月购进，经堆积、翻堆、发酵处理后，方可使用。

4.1.2 麦麸 19%：使用大片状麦麸，片状直径为 2 ~ 4 毫米，无异味，无结块，无杂质，含水量 14% 左右，从正规大型面粉厂采购。

4.1.3 石膏 1%：洁白，不结块，无杂质，含水量 14% 左右，生熟都可以，从正规厂家购买。

4.1.4 栽培袋：规格为 17 厘米 × 55 厘米 × 0.006 厘米，无破袋，不漏气，能耐 100 ~ 120℃高温。

4.1.5 加水：将培养料按配方比例称好，搅拌均匀，加水量可根据原料的干湿，使含水量达 55%，以手握紧成团、渗水不滴下、手松料微散为宜。

4.2 装袋灭菌

4.2.1 装袋管理

把塑料袋口张开，用手一把一把地把料塞进袋内。当装料1/3时，把袋料提起，在地面上轻轻抖动几下，用手将料向下压使料紧实。继之，再装料、再抖动、再压。装至满袋时，于袋口拳击数下，补充缺料，使袋料紧实无空隙。袋头留6厘米，捆口或加套环塞棉塞。13厘米×27厘米、17厘米×37厘米菌袋一头开口，17厘米×40厘米菌袋两头开口。栽培量大时一般采用机械装袋，缩短装袋时间，缩短了从拌料到灭菌的时间，有效防止培养料酸败。

4.2.2 灭菌

4.2.2.1 及时进灶：装袋完毕，要立即将料袋装进灭菌灶，并迅速加温开始灭菌。以防微生物繁殖将物质分解，导致酸败。特别是高温季节，更应该注意这一点。

4.2.2.2 合理叠袋：料袋进灶应叠放成一行一行，自下而上排放。行与行之间、袋与袋之间要留有一定间隙，使气流能自下往上畅通，防止局部“死角”，造成灭菌不彻底。

4.2.2.3 控制温度：进袋完毕立即旺火猛攻。上汽后，要注意放气，把冷空气排尽。排气后，使灶内温度尽快上升到100℃，做到中途不停火，不加凉水，不降温，持续灭菌，保持12 ~ 14小时。而后将火埋住，闷24小时。灭菌过程中温度不能忽高忽低，并要注意锅中水位，勿烧干锅。

4.3 菇房消毒

菇房消毒要求在接种前7天进行，做好场地清洁消毒工作，清除垃圾杂物，清理水沟，并保持环境清洁，以减少污染源。可地面抛撒生石灰，改变地表酸碱度，抑制杂菌生长；还可采用稀释二氯异氰尿酸钠点燃放烟对菇房进行消毒。

4.4 冷却

4.4.1 出锅前必须用消毒水将冷却室地面拖干净，在进袋前首先对冷却室进行消毒灭菌，关闭房门密闭 24 小时后再打开，每周用二氯异氰尿酸钠进行空间消毒，并做好消毒记录。

4.4.2 当灭菌柜内温度下降到 80 ~ 100℃，方可打开后门出锅，出锅人员必须经过风淋室进入一冷却室，出锅半小时前先将一冷却室制冷机打开，对空间进行降温，以避免菌包温度过高对制冷机造成损害。当菌包温度降到 35℃后，将灭菌小车推入二冷却室，均匀摆开灭菌小车，菌包进行强制冷却到 25℃以下时，方可进入无菌室进行接种。

4.5 接种

无菌接种是猴头菇栽培生产中最关键、技术性强的一项工作，要做到严格消毒、查种仔细、操作严谨、无菌接种。可在接种室或接种箱进行，接种室操作程序如下。

4.5.1 进入接种室前，工作人员要洗手，换消过毒的白大褂、帽子、拖鞋，带上菌种进入接种室。

4.5.2 接种前工作人员要用 70% ~ 75% 的酒精棉球消毒双手、消毒菌种瓶外壁，点燃酒精灯，用火焰消毒接种工具，在酒精灯火焰上方打开菌种瓶，除去老菌丝。打开被接菌袋口，用接种工具将菌种迅速接入袋口内，然后封口。每瓶菌种可接 30 ~ 35 袋。

4.6 培养

发菌管理即菌丝体培养。菌袋进入培养室后，在适宜条件下，25天左右菌丝即可长满袋。为了使其顺利完成发菌，为高产优质打下坚实基础，应从以下几方面加强管理。

4.6.1 堆放菌袋：根据自然气温确定菌袋入培养室后的堆放方式。气温高时一般单层横排于架上，袋之间要有空隙，菌袋多时，也可“井”字形双层排放。气温低时可双层或多层排放。一定要根据气温变化灵活掌握。

4.6.2 调节室温：菌袋初入培养室的 1 ~ 4 天，室温应调到 24 ~ 26℃，以使所接菌种，在最适环境中尽快吃料，定植生长，造成优势，减少杂菌污染。从第五天起，随着菌丝生长，袋内温度上升，比室温高出 2℃左右，为此应将室温调至 24℃以下。第十六天以后为新陈代谢旺盛时期，室温控制在 20 ~ 23℃为宜。

4.6.3 控制湿度：发菌期菌丝是依靠培养基内水分生产，不需要外界供水，所以室内空气相对湿度能达 60% 即可。阴雨天湿度大时，应开窗通风。但发菌须保证黑暗条件，通风宜在夜间进行。室内空气湿度大时，往往会使棉塞潮湿，导致杂菌滋生。

4.6.4 查菌袋：菌袋入培养室后 3 ~ 4 天，一般不宜翻动。7 天后检查菌丝生长情况和有否污染杂菌。一旦发现杂菌污染菌袋立即清理出，焚烧或深埋处理以防传染。

4.6.5 转色管理

4.6.5.1 光照：根据猴头菇品种特性，一般在培养 45 ~ 50 天及时给予光照，每天光照 10 小时，光照强度为 50 ~ 200 勒克斯，光照要分布均匀，在光照 3 ~ 5 天后，菌包开始起瘤转向转色阶段。

4.6.5.2 起瘤：起瘤是转色的关键，一般猴头菇品种在 45 ~ 50 天开始起瘤，然后通过第二次刺孔增加氧气，逐渐转色，一般猴头菇品种 80 ~ 90 天转色完毕。

4.6.5.3 转色：转色期间培养房温度控制在 18 ~ 22℃，低于 15℃

或者高于 25℃均不利于转色，有时接种口附近会分泌较多的黄水，长时间集聚易造成局部污染，应保持培养房通风、干燥。如果空气相对湿度超过 75%，要加大通风量。

4.7 出菇管理

菌袋经过发菌培养，菌丝达到生理成熟，即从营养生长转入生殖生长，开始猴头菇的生长发育。此时应从如下方面加强管理。

4.7.1 进菇棚开口：常用的猴头菌出菇棚，有室内与塑料大棚两种。实践证明，塑料大棚比室内菇房生态条件好，生长快，菇健壮，还可避免畸形菇。两头开口菌袋进菇棚立体排放堆高 8 ~ 12 层，注意为防止菌袋发热，每两层菌袋放一层竹竿，还对菌袋起固定作用。菌袋有套环的拔掉棉塞，或将袋口松开，换上直径 4 ~ 5 厘米的套环。一头开口菌袋进菇棚对头立体排放堆高 8 ~ 12 层，然后开口。菌瓶立体对头排放堆高 8 ~ 12 层，打开瓶塞，以增加通气量，促进原基生长。

4.7.2 调整温度：菌袋进菇棚后，温度要调至 14 ~ 20℃。在适宜温度刺激下，原基很快形成，从原基形成到采收需 10 ~ 12 天。菇棚内温度低于 12℃，原基不易形成，已形成的猴头菇容易发红。温度超过 23℃，子实体生长发育缓慢，菌柄增长，菇体形成菜花状畸形。温度超过 25℃，子实体会萎缩死亡。因此，菇棚温度应调整至 14 ~ 20℃。

4.7.3 保持菇棚湿度：当菌袋进菇棚后，需要向菇棚空间、地面喷水，使菇棚相对湿度达到 85% ~ 90%，保持菌袋料面湿润，保证原基形成、子实体正常生长发育。如果菇棚湿度低于 70%，原基不易形成，已分化的原基会停止生长；如果菇棚湿度高于 95%，加上通风不良会造成杂菌滋生，子实体腐烂。

4.7.4 通风：菌袋进菇棚后，注意菇棚通风换气，保持菇棚空气新鲜。通风少时，会出现畸形菇。通风多时应注意通风与保湿的关系，应先喷水后通风，保证菇棚内空气的相对湿度在85% ~ 90%，保持空气新鲜，以利子实体正常生长发育。

4.7.5 光照：保持一定光照，子实体形成生长发育过程中，需要200 ~ 400勒克斯光照，菇棚光照太强会导致菇体发黄品质下降，影响价格。光照太弱会导致原基形成困难或形成畸形菇。

4.8 采收

猴头菌出菇是通过上述管理调整，保证最佳条件，一般从原基形成到采收需10 ~ 12天，猴头菇子实体成熟标志：菇体色白，表面出现菌刺，在没有弹射孢子前适时采收。适时采收产量最高、品质最好。采收过迟，菌刺过长，孢子大量散发，子实体变得疏松、发黄、苦味浓，品质和食用价值均下降。

5 病虫害防治

5.1 常见病虫害

常见病害有绿色木霉、青霉、根霉等。常见虫害有菇蝇和菇蚊等。

5.2 预防措施

切实搞好环境卫生，作好菇房、床架、工具、器具消毒。严防培养料带菌，必须做到灭菌彻底和无菌条件下接种。菌种使用具有旺盛生命力的适龄良种。退化种、老化种、杂菌污染种均应淘汰。培养料中，按比例添加木屑、麸皮、石膏等营养物，不宜过量。接种必须在低温、无菌条件下进行。发菌时适温培养，最高不超过

32℃。栽培环境通风，避免高温、高湿。夏季地面撒一层石灰粉灭菌、防潮。保持防虫网无破损，防止害虫大量飞入，有破损处及时补上。

5.3 防治措施

播种后要经常检查，发现病虫害时作如下处理。

5.3.1 保持菌袋表面清洁干净；在螨虫出现的地方用75%酒精注射污染点；悬挂粘虫板防治菇蚊、菇蝇。

5.3.2 地面抛撒生石灰，防控病虫害。

6 废弃物处理

废弃菌袋脱袋后直接运输至当地有机肥厂，其他废弃物进行无害化处理，保护当地生态环境。

7 产品储存、运输、清洁

7.1 贮存：经检测符合标准要求的产品放入成品库房。成品库房中不得存放其他物品。每天3次（早、中、晚）对成品库房的温度、湿度进行检测，检查有无虫鼠害，确保库房整洁卫生、干燥通风。贮藏条件符合NY/T 1056要求。

7.2 运输：成品运输用专门的集装箱式货车，集装箱材质对人体无毒无害、耐腐蚀、易清洁消毒。每次装货前、卸货后要对运输车辆进行清扫、消毒，保持车辆内清洁干燥。运输符合NY/T 1056要求。

7.3 清洁：包装车间设备表面采用人工清洗擦拭；操作人员手部用洗手液或皂液清洗，并采用75%医用酒精喷淋消毒。

7.4 包装符合NY/T 658要求。

8 生产档案

对绿色食品猴头菇生产过程，应建立田间生产档案，并妥善保存至少3年以上以备查阅。

×× 家庭农场绿色食品香菇生产操作规程

1 范围

本标准规定了绿色食品香菇生产的名词术语、环境产地条件、原料使用条件、栽培工艺流程及出菇管理技术要求。

本规程适用于××家庭农场绿色食品菌袋香菇生产。

2 引用标准

NY/T 391 绿色食品 产地环境质量
NY/T 393 绿色食品 农药使用准则
NY/T 394 绿色食品 肥料使用准则
NY/T 749 绿色食品 食用菌
NY/T 658 绿色食品 包装通用准则
NY/T 1056 绿色食品 贮藏运输准则
GB 14881 食品生产通用卫生规范

3 生产条件要求

3.1 产地环境条件应符合 NY/T 391 的要求。

3.2 茬口安排：结合本家庭农场所在环境条件，采用春茬栽培，气温在 8℃以上的季节均可栽培。夏香菇 1 月初装袋,1 月中旬接种；冬香菇 10 月初装袋，10 月中旬接种。

3.3 品种选择：本家庭农场根据香菇的特性选择香菇 808 和香菇 908 品种。

4 栽培工艺流程

培养料的配制→装袋灭菌→菇房消毒→冷却→接种→培养→出菇管理→采收

4.1 培养料配制

4.1.1 木屑 81%：使用青冈木木屑，针叶树和含芳香味的树种不能使用。木屑块状,0.7 厘米 ×0.4 厘米 ×0.15 厘米左右(10 ~ 12 目),无霉变、无杂质。木屑在生产前，夏天提前 2 个月、冬天提前 3 个月购进，经堆积、翻堆、发酵处理后，方可使用。

4.1.2 麦麸 18%：使用大片状麦麸，片状直径为 2 ~ 4 毫米，无异味，无结块，无杂质，含水量 14% 左右，从正规大型面粉厂采购。

4.1.3 石膏 1%：洁白，不结块，无杂质，含水量 14% 左右，生熟都可以，从正规厂家购买。

4.1.4 栽培袋：规格为 17 厘米 ×55 厘米 ×0.006 厘米无破袋，不漏气，能耐 100 ~ 120℃高温

4.1.5 加水：将培养料按配方比例称好，搅拌均匀，加水量可根据原料的干湿，使含水量达 55%，以手握紧成团、渗水不滴下、手松料微散为宜。

4.2 装袋灭菌

4.2.1 装袋管理

把塑料袋口张开，用手一把一把地把料塞进袋内。当装料1/3时，把袋料提起，在地面上轻轻抖动几下，用手将料向下压使料紧实。继之，再装料、再抖动、再压。装至满袋时，于袋口拳击数下，补充缺料，使袋料紧实无空隙。袋头留6厘米，捆口或加套环塞棉塞。13厘米×27厘米、17厘米×37厘米菌袋一头开口，17厘米×40厘米菌袋两头开口。栽培量大时一般采用机械装袋，缩短装袋时间，缩短了从拌料到灭菌的时间，有效防止培养料酸败。

4.2.2 灭菌

4.2.2.1 及时进灶：装袋完毕，要立即将料袋装进灭菌灶，并迅速加温开始灭菌。以防微生物繁殖将物质分解，导致酸败。特别是高温季节，更应该注意这一点。

4.2.2.2 合理叠袋：料袋进灶应叠放成一行一行，自下而上排放。行与行之间、袋与袋之间要留有一定间隙，使气流能自下往上畅通，防止局部“死角”，造成灭菌不彻底。

4.2.2.3 控制温度：进袋完毕立即旺火猛攻。上汽后，要注意放气，把冷空气排尽。排气后，使灶内温度尽快上升到100℃，做到中途不停火，不加凉水，不降温，持续灭菌，保持12～14小时。而后将火埋住，闷24小时。灭菌过程中温度不能忽高忽低，并要注意锅中水位，勿烧干锅。

4.3 菇房消毒

菇房消毒要求在接种前7天进行，做好场地清洁消毒工作，清除垃圾杂物，清理水沟，并保持环境清洁，以减少污染源。可地面抛撒生石灰，改变地表酸碱度，抑制杂菌生长；还可采用稀释二氯异氰尿酸钠点燃放烟对菇房进行消毒处理。

4.4 冷却

4.4.1 出锅前必须用消毒水将冷却室地面拖干净，在进袋前首先对冷却室进行消毒灭菌，关闭房门密闭 24 小时后再打开，每周用二氯异氰尿酸钠空间进行消毒，并做好消毒记录。

4.4.2 当灭菌柜内温度下降到 80 ~ 100℃，方可打开后门出锅，出锅人员必须经过风淋室进入一冷却室，出锅半小时前先将一冷却室制冷机打开，对空间进行降温，以避免菌包温度过高对制冷机造成损害。当菌包温度降到 35℃后，将灭菌小车推入二冷却室，均匀摆开灭菌小车，菌包进行强制冷却到 25℃以下时，方可进入无菌室进行接种。

4.5 接种

严格消毒、查种仔细、操作严谨、无菌接种。无菌接种是香菇栽培生产中最关键、技术性强的一项工作，可在接种室或接种箱进行，接种室操作程序如下。

4.5.1 进入接种室前，工作人员要洗手，换消过毒的白大褂、帽子、拖鞋，带上菌种进入接种室。

4.5.2 接种前工作人员要用 70% ~ 75% 的酒精棉球消毒双手、消毒菌种瓶外壁，点燃酒精灯，用火焰消毒接种工具，在酒精灯火焰上方打开菌种瓶，除去老菌丝。打开被接菌袋口，用接种工具将菌种迅速接入袋口内，然后封口。每瓶菌种可接 30 ~ 35 袋。

4.6 培养

发菌管理即菌丝体培养。菌袋进入培养室后，在适宜条件下，25天左右菌丝即可长满袋。为了使其顺利完成发菌，为高产优质打下坚实基础，应从以下几方面加强管理。

4.6.1 堆放菌袋：根据自然气温确定菌袋入培养室后的堆放方式。气温高时一般单层横排于架上，袋之间要有空隙，菌袋多时，也可“井”字形双层排放。气温低时可双层或多层排放。一定要根据气温变化灵活掌握。

4.6.2 调节室温：菌袋初入培养室的 1 ~ 4 天，室温应调到 24 ~ 26℃，以使所接菌种，在最适环境中尽快吃料，定植生长，造成优势，减少杂菌污染。从第五天起，随着菌丝生长，袋内温度上升，比室温高出 2℃左右，为此应将室温调至 24℃以下。第十六天以后为新陈代谢旺盛时期，室温控制在 20 ~ 23℃为宜。

4.6.3 控制湿度：发菌期菌丝是依靠培养基内水分生产，不需要外界供水，所以室内空气相对湿度能达 60% 即可。阴雨天湿度大时，应开窗通风。但发菌须保证黑暗条件，通风宜在夜间进行。室内空气湿度大时，往往会使棉塞潮湿，导致杂菌滋生。

4.6.4 查菌袋：菌袋入培养室后 3 ~ 4 天，一般不宜翻动。7 天后检查菌丝生长情况和有否污染杂菌。一旦发现杂菌污染菌袋立清理出，焚烧或深埋处理以防传染。

4.6.5 转色管理：转色期间培养房温度控制在 18 ~ 22℃，空气相对湿度 70% ~ 80%，加强通风，散射光照强度至少达到 25 勒克斯。

4.7 出菇管理

菌袋经过发菌培养，菌丝达到生理成熟，即从营养生长转入生殖生长，开始香菇的生长发育。此时应从如下方面加强管理。

4.7.1 进菇棚开口：两头开口菌袋进菇棚立体排放堆高 8 ~ 12 层，注意为防止菌袋发热，每两层菌袋放一层竹竿，还对菌袋起固定作用。菌袋有套环的拔掉棉塞，或将袋口松开，换上直径 4 ~ 5 厘米的套环。一头开口菌袋进菇棚对头立体排放堆高 8 ~ 12 层，然后开口。菌瓶立体对头排放堆高 8 ~ 12 层,打开瓶塞,以增加通气量,促进原基生长。

4.7.2 调整温度：菌袋进菇棚后，温度要调至 14 ~ 20℃。在适宜温度刺激下，原基很快形成，从原基形成到采收需 2 ~ 3 周。

4.7.3 保持菇棚湿度：当菌袋进菇棚后，需要向菇棚空间、地面喷水，使菇棚相对湿度达到 85% ~ 90%，保持菌袋料面湿润，保证原基形成，子实体正常生长发育。

4.7.4 通风：当菌袋进菇棚后，注意菇棚通风换气，保持菇棚空气新鲜。

4.7.5 光照：保持一定光照，子实体形成生长发育过程中，需要 200 ~ 400 勒克斯光照。

4.8 采收

香菇一般从原基形成到采收需2 ~ 3周，适时采收产量最高、品质最好。

5 病害防治

5.1 常见病害

常见病害有绿色木霉、青霉、根霉等。常见虫害有菇蝇和菇蚊等。

5.2 预防措施

切实搞好环境卫生，作好菇房、床架、工具、器具消毒。严防培养料带菌，必须做到灭菌彻底和无菌条件下接种。菌种使用具有旺盛生命力的适龄良种。退化种、老化种、杂菌污染种均应淘汰。

培养料中，按比例添加木屑、麸皮、石膏等营养物，不宜过量。接种必须在低温、无菌条件下进行。发菌时适温培养，最高不超过32℃。栽培环境通风，避免高温、高湿。夏季地面撒一层石灰粉灭菌、防潮。保持防虫网无破损，防止害虫大量飞入，有破损处及时补上。

5.3 防治措施

播种后要经常检查，发现病虫害时作如下处理。

5.3.1 保持菌袋表面清洁干净；在螨虫经常出现的地方用75%酒精注射污染点；悬挂粘虫板防治菇蚊、菇蝇。

5.3.2 地面抛撒生石灰，防控病虫害。

6 废弃物处理

废弃菌袋脱袋后直接运输至当地有机肥厂，其他废弃物进行无害化处理，保护当地生态环境。

7 产品储存、运输、清洁

7.1 贮存：经检测符合标准要求的产品放入成品库房。成品库房中不得存放其他物品。每天3次（早、中、晚）对成品库房的温度、湿度进行检测，检查有无虫鼠害，确保库房整洁卫生、干燥通风。贮藏条件符合NY/T 1056要求

7.2 运输：成品运输用专门的集装箱式货车，集装箱材质对人体无毒无害、耐腐蚀、易清洁消毒。每次装货前、卸货后要对运输车辆进行清扫、消毒，保持车辆内清洁干燥。运输符合NY/T 1056要求。

7.3 清洁：包装车间设备表面采用人工清洗擦拭；操作人员手部用洗手液或皂液清洗，并采用75%医用酒精喷淋消毒。

7.4 包装符合 NY/T 658 要求。

8 生产档案

对绿色食品香菇生产过程，应建立田间生产档案，并妥善保存至少3年以上以备查阅。

××家庭农场绿色食品椴木黑木耳生产操作规程

1 范围

本标准规定了绿色食品木耳生产的场地选择、耳树选择和处理、人工接种、上堆发菌、散堆排场、起架管理、防治病虫害、采收及加工等。

本规程适用于××家庭农场绿色食品椴木黑木耳生产。

2 引用标准

NY/T 391 绿色食品 产地环境质量
NY/T 393 绿色食品 农药使用准则
NY/T 394 绿色食品 肥料使用准则
NY/T 749 绿色食品 食用菌
NY/T 658 绿色食品 包装通用准则
NY/T 1056 绿色食品 贮藏运输准则
GB 14881 食品生产通用卫生规范

3 生产条件要求

3.1 产地环境条件

应符合NY/T 391的要求。栽培黑木耳的场地，应选择海拔在1 000米以下的背风向阳、光照时间长、遮阴较少、比较温暖、昼夜温差小、湿度大、耳树资源丰富、靠近水源的地方。

场地选好后要进行清理，首先把杂草、枯枝烂叶清除干净，开好排水沟，并在地面上撒生石灰进行灭菌杀虫。

3.2 耳树的选择和处理

栽培黑木耳的耳树，种类很多，主要的是选用壳斗科、桦木科等的树种，本家庭农场的选用当地常见的树种青冈木作为原料。砍树时期是从树木进入休眠之后到新芽萌发之前。树龄以8～10年生为宜。树径在10～14厘米为好。砍树后经去梢、剃枝，截成1～1.2米的木段。把锯好的木段，架晒在地势高、干燥、通风、向阳的地方，使它尽快发酵。每隔10天左右翻动一次，促使木段干燥均匀。一般架晒30～40天，木段有七八成干，即可进行接种。如木段感染了杂菌、害虫，可在接种前用茅草或树枝熏烧，至表皮变黑，既可清除病虫，又可增强树皮吸热、吸水性能，有利黑木耳菌丝的生长。本家庭农场种植的黑木耳有新科5号、单片木耳等。

立木：耳木经一夏一秋菌丝已充分蔓延，在立冬前，将耳木搬移到大棚或静风多湿的场所排立，使之出耳。排立耳木的方法可以先在地上插两根木桩，中间架一根横木，然后把耳木斜靠在横木两侧成“人”字形，行间留走道，以便管理和采收。立木时，如环境过湿，菇木应竖直；环境过干，耳木应低躺近地。

惊木：惊木方法主要是浸水打木。长满菌丝的耳木在进入出耳场前必须放入水中浸足水分，在耳木浸水后立架时，用铁锤等敲击耳木的两端切面。耳木浸水后其中氧气相对减少，惊木后耳木缝隙中多余水分可溢出，增加了新鲜氧气，惊醒了菌种，使断裂的菌丝能茁壮成长，促使原基大量产生。

4　种植过程管理

4.1　人工接种：人工接种是栽培黑木耳成败的关键工序，也是新法栽培最大的特点。接种时间一般在气温稳定在 15℃以上、有利于黑木耳菌丝生长的时候。具体时间因各地气候条件不同而有差异，一般在 2 月初接种，早接种早发菌、早出耳，同时早期接种气温低，可减少杂菌、害虫的感染。接种前，先将木段表面清洗，再放在阳光下晒 2 ~ 3 小时后备用。人工接种常用的菌种有木屑菌种、树枝菌种和楔形木块菌种。接木屑和树枝菌种的，要用电钻或直径 11 ~ 12 毫米的皮带冲打孔，穴深 1.5 ~ 2 厘米。一般纵向种穴间距离 10 ~ 12 厘米，横向种穴间距离为 4 ~ 6 厘米。如适当密植，把纵向种穴间距离缩短至 6 ~ 7 厘米，有利于发菌和提高产量。行与行的穴交错成品字形或梅花形排列。木屑菌种要塞满穴，外加比接种穴直径大 2 毫米的树皮盖，盖平、盖紧，以防菌种干燥。接树枝菌种的，种木要与耳木平贴。打穴、接种、盖盖等要连续作业，以保持接种穴、菌种和树皮盖原有的湿度，才有利于菌种的成活。

4.2　上堆发菌：接种后，为保持较高的温湿度和足够的空气，以促使菌种在耳木中早发菌、早定植，提高成活率，必须将耳木上堆。其方法是将接种好的耳木，排成“井”字形的架，分层堆叠成 1 米高的小堆，堆内悬挂干湿温度计，四周用薄膜覆盖严密，堆温控制在 22 ~ 28℃，空气相对湿度保持 80% 左右，耳木之间要留 5 ~ 6

厘米的空隙以利良好通气。上堆后每隔 6 ～ 7 天翻堆一次，调换耳木上下左右内外的位置，使温湿度一致，发白均匀。如果耳木干燥，可适当喷水调节，待树皮稍干后，再覆盖塑料薄膜。遇气温高时，每隔 3 ～ 5 天在中午揭膜通风换气一次，并结合喷水降温。一般经 3 ～ 4 星期的堆叠，黑木耳的菌丝已长入耳木，即可散堆排场。

4.3 散堆排场：散堆排场是上堆的继续，目的是使菌丝向耳木深处蔓延，并使其从生长阶段迅速转入发育阶段。排场的场地要求向阳潮湿，并有适当遮蔽，排场时将耳木一根根平铺在有短草的地面上。在泥土地上，应先横放一根小木杆，然后将耳木一根根头着地排放于横杆上，每根耳木相距 6 ～ 8 厘米。这样既有利吸收地面潮气，接受阳光雨露和新鲜空气，促进耳芽生长，又可避免耳木全部贴地造成过湿而闷坏菌种，还可防止泥土溅污耳木。排场阶段，每 10 天左右要将耳木翻动一次，经过 1 个多月时间，耳芽大量发生便可起架。

4.4 起架管理：起架应选择雨后初晴的天气，逐根检查排场的耳木，凡有一半耳芽长出的耳木即可检出上架，用 4 根 1.5 米长的木杆，交叉绑成“×”形，上面架一根横木，然后把检出的耳木交错斜靠在横木上，构成“人”字形的耳棚，角度为 30° ～ 45°，每根耳木留 4 ～ 7 厘米间距。

5 防治病虫害

黑木耳在生育过程中，如果管理粗放或在高温高湿的条件下往往病虫害发生严重。因此，在栽培中必须加强管理并认真做好病虫害防治工作。防治上应认真贯彻“预防为主、综合防治”的方针。

较常见的病害有黑疔、革菌、多孔菌、青霉、木霉等。较常见的虫害有蜗牛、菌蛆、蓟马、蛞蝓、伪步行虫、四斑丽甲等。

5.1 农业防治方法

一般应抓好以下几点防治措施。

5.1.1 在砍树、剃枝、截段、翻堆等过程中，尽量不要损伤树皮，截口和伤口要用石灰水消毒，以防杂菌侵入。

5.1.2 选用优良菌种，适当提早接种，把好接种质量关，使黑木耳菌丝在耳木中首先占优势，以抑制杂菌为害。

5.1.3 认真清理耳场，并撒施石灰粉进行地面消毒，消灭越冬害虫，以切断病源和虫源。

5.1.4 耳木上出现杂菌，应及时刮除，以防孢子扩散，并用石灰水洗刷耳木，放于烈日下暴晒 2 ～ 3 天，然后再用酒精喷雾杀灭。

5.1.5 地面抛撒生石灰，防治病虫害。

5.2 药物防治方法

害虫应根据不同的种类采用不同的药物防治。对蜗牛、蛞蝓等可于清晨傍晚进行人工捕捉。

6 采收及加工

黑木耳颜色由深转浅、耳片舒展变软、肉质肥厚、耳根收缩、子实体腹面产生白色孢子粉时，应立即采收。

采收的时间最好在雨后初晴或晴天早晨露水未干，耳片柔软时进行。采收时用手指齐耳基部摘下，并把耳根处理干净，以免溃烂。如遇阴雨天，成熟的耳片均要采摘，以免造成烂耳。

采下的黑木耳，将杂质选出清理干净，将木耳按照6厘米以上、4 ~ 6厘米、2.5 ~ 4厘米分为3类。将新鲜的木耳摊放在晒席上晒干。未干前不得翻动，防止耳片内卷。阴雨天可把湿耳在室内摊开晾干。干制的黑木耳装入编织袋，存放于干燥通风处，以防吸潮变质。

7 废弃物处理

废弃椴木直接运输至当地有机肥厂经粉碎加工后可做有机肥处理。其他生活废弃物进行无害化处理，保护当地生态环境。

8 产品储存、运输、清洁

8.1 储存：经检测符合标准要求的产品放入成品库房，成品库房中不得存放其他物品。每天 3 次（早、中、晚）对成品库房的温度、湿度进行检测，检查有无虫鼠害，确保库房整洁卫生、干燥通风。

8.2 运输：成品运输用专门的集装箱式货车，集装箱材质对人体无毒无害、耐腐蚀、易清洁消毒。每次装货前、卸货后要对运输车辆进行清扫、消毒，保持车辆内清洁干燥。

8.3 清洁：包装车间设备表面采用人工清洗擦拭；操作人员手部用洗手液或皂液清洗，并采用 75% 医用酒精喷淋消毒。

9 生产档案

对绿色食品木耳生产过程，应建立田间生产档案，并妥善保存，保存至少3年以上以备查阅。

×× 家庭农场绿色食品椴木黄金木耳生产操作规程

1 范围

本标准规定了绿色食品黄金木耳生产的场地选择、耳树选择和处理、人工接种、上堆发菌、散堆排场、起架管理、防治病虫害、采收及加工等。

本规程适用于××家庭农场绿色食品椴木黄金木耳生产。

2 引用标准

NY/T 391　绿色食品　产地环境质量

NY/T 393　绿色食品　农药使用准则

NY/T 394　绿色食品　肥料使用准则

NY/T 749　绿色食品　食用菌

NY/T 658　绿色食品　包装通用准则

NY/T 1056　绿色食品　贮藏运输准则

GB 14881　食品生产通用卫生规范

3 生产条件要求

3.1 产地环境条件

应符合NY/T 391的要求。栽培黄金木耳的场地，应选择海拔在1 000米以下的背风向阳、光照时间长、遮阴较少、比较温暖、昼夜温差小、湿度大、耳树资源丰富、靠近水源的地方。

场地选好后要进行清理，首先把杂草、枯枝烂叶清除干净，开好排水沟，并在地面上撒生石灰进行灭菌杀虫。

3.2 耳树的选择和处理

栽培黄金木耳的耳树，本家庭农场的选用当地常见的树种青冈木作为原料。砍树时期是从树木进入休眠之后到新芽萌发之前。树龄以8～10年生为宜。树茎在10～14厘米为好。砍树后经去梢、剃枝，截成1～1.2米的木段。把锯好的木段，架晒在地势高、干燥、通风、向阳的地方，使它尽快发酵。每隔10天左右翻动一次，促使木段干燥均匀。一般架晒30～40天，木段有七八成干，即可进行接种。如木段感染了杂菌、害虫，可在接种前用茅草或树枝熏烧，至表皮变黑，既可清除病虫，又可增强树皮吸热、吸水性能，有利黄金木耳菌丝的生长。

立木：耳椴经一夏一秋菌丝已充分蔓延，在立冬前，将耳木搬移到大棚或静风多湿的场所排立，使之出耳。排立耳木的方法可以先在地上插两根木桩，中间架一根横木，然后把耳木斜靠在横木两侧成“人”字形，行间留走道，以便管理和采收。立木时，如环境过湿，菇木应竖直；环境过干，耳木应低躺近地。

惊木：惊木方法主要是浸水打木。长满菌丝的耳木在进入出耳场前必须放入水中浸足水分，在耳木浸水后立架时，用铁锤等敲击耳木的两端切面。耳木浸水后其中氧气相对减少，惊木后耳木缝隙中多余水分可溢出，增加了新鲜氧气，惊醒了菌种，使断裂的菌丝能茁壮成长，促使原基大量产生。

4 种植过程管理

4.1 人工接种：人工接种是栽培黄金木耳成败的关键工序，也是新法栽培最大的特点。接种时间一般在气温稳定在 15℃以上、有利于黄金木耳菌丝生长的时候。具体时间因各地气候条件不同而有差异，在 12 月中旬接种，早期接种气温低，可减少杂菌、害虫的感染。接种前,先将木段表面清洗,再放阳光下晒 2 ~ 3 小时后备用。人工接种常用的菌种有木屑菌种、树枝菌种和楔形木块菌种。接木屑和树枝菌种的，要用电钻或直径 11 ~ 12 毫米的皮带冲打孔，穴深 1.5 ~ 2 厘米。一般纵向种穴间距离 10 ~ 12 厘米，横向种穴间距离为 4 ~ 6 厘米。如适当密植，把纵向种穴间距离缩短至 6 ~ 7 厘米，有利于发菌和提高产量。行与行的穴交错成“品”字形或梅花形排列。木屑菌种要塞满穴，外加比接种穴直径大 2 毫米的树皮盖，盖平、盖紧，以防菌种干燥。接树枝菌种的，种木要与耳木平贴。打穴、接种、盖盖等要连续作业，以保持接种穴、菌种和树皮盖原有的湿度，才有利于菌种的成活。

4.2 上堆发菌：接种后，为保持较高的温湿度和足够的空气，以促使菌种在耳木中早发菌、早定植，提高成活率，必须将耳木上堆。其方法是将接种好的耳木，排成“井”字形的架，分层堆叠成 1 米高的小堆，堆内悬挂干湿温度计，四周用薄膜覆盖严密，堆温控制在 22 ~ 28℃，空气相对湿度保持 80% 左右，耳木之间要留 5 ~ 6 厘米的空隙以利良好通气。上堆后每隔 6 ~ 7 天翻堆一次，调换耳木上下左右内外的位置，使温湿度一致，发白均匀。如果耳木干燥，可适当喷水调节，待树皮稍干后，再覆盖塑料薄膜。遇气温高时，每隔 3 ~ 5 天在中午揭膜通风换气一次，并结合喷水降温。一般经 3 ~ 4 星期的堆叠，黄金木耳的菌丝已长入耳木，即可散堆排场。

4.3 散堆排场：散堆排场是上堆的继续，目的是使菌丝向耳木深处蔓延，并使其从生长阶段迅速转入发育阶段。排场的场地要求向阳潮湿，并有适当遮蔽，排场时将耳木一根根平铺在有短草的地面上。在泥土地上，应先横放一根小木杆，然后将耳木一根根头着地排放于横杆上，每根耳木相距 6 ~ 8 厘米。这样既有利吸收地面潮气，接受阳光雨露和新鲜空气，促进耳芽生长，又可避免耳木全部贴地造成过湿而闷坏菌种，还可防止泥土溅污耳木。排场阶段，每 10 天左右要将耳木翻动一次，经过 1 个多月时间，耳芽大量发生便可起架。

4.4 起架管理：起架应选择雨后初晴的天气，在 3—4 月，逐根检查排场的耳木，凡有一半耳芽长出的耳木即可检出上架，用 4 根 1.5 米长的木杆，交叉绑成“×”形，上面架一根横木，然后把检出的耳木交错斜靠在横木上，构成“人”字形的耳棚，角度为 30° ~ 45°，每根耳木留 4 ~ 7 厘米间距。

5 防治病虫害

黄金木耳在生育过程中，如果管理粗放或在高温高湿的条件下往往病虫害发生严重。因此，在栽培中必须加强管理并认真做好病虫害防治工作。防治上应认真贯彻“预防为主、综合防治”的方针。

较常见的病害有黑疔、革菌、多孔菌、青霉、木霉等。较常见的虫害有蜗牛、菌蛆、蓟马、蛞蝓、伪步行虫、四斑丽甲等。

5.1 农业防治方法

一般应抓好以下几点防治措施。

5.1.1 在砍树、剃枝、截段、翻堆等过程中，尽量不要损伤树皮，截口和伤口要用石灰水消毒，以防杂菌侵入。

5.1.2 选用优良菌种，适当提早接种，把好接种质量关，使黄金木耳菌丝在耳木中首先占优势，以抑制杂菌为害。

5.1.3 认真清理耳场，并撒施石灰粉进行地面消毒，消灭越冬害虫，以切断病源和虫源。

5.1.4 耳木上出现杂菌，应及时刮除，以防孢子扩散，并用石灰水洗刷耳木，放于烈日下暴晒 2 ~ 3 天，然后再用酒精喷雾杀灭。

5.1.5 地面抛撒生石灰，防治病虫害。

5.2 药物防治方法

害虫应根据不同的种类采用不同的药物防治。对蜗牛、蛞蝓等可于清晨傍晚进行人工捕捉。

6 采收及加工

成熟的黄金木耳，外观呈实体脑状或瘤状，不规则皱卷，基部狭窄，从树皮缝隙间生出，宽1 ~ 3厘米，高0.5 ~ 2厘米，鲜橙黄色、金黄色至橙红色，胶质，干后缩小变为软骨质，此时即可采收。

采收的时间最好在雨后初晴或晴天早晨露水未干，耳片柔软时进行。采收时用手指齐耳基部摘下，并把耳根处理干净，以免溃烂。如遇阴雨天，成熟的耳片均要采摘，以免造成烂耳。

采下的黄金木耳，将杂质选出清理干净，按照6厘米以上、4 ~ 6厘米、2.5 ~ 4厘米分为3类。将新鲜的黄金木耳摊放在晒席上晒干。未干前不得翻动，防止耳片内卷。阴雨天可把湿耳在室内摊开晾干。干制的黄金木耳装入编织袋，存放于干燥通风处，以防吸潮变质。

7　废弃物处理

废弃椴木直接运输至当地有机肥厂经粉碎加工后可做有机肥处理。其他废弃物进行无害化处理，保护当地生态环境。

8　产品储存、运输、清洁

8.1　储存：经检测符合标准要求的产品放入成品库房，成品库房中不得存放其他物品。每天 3 次（早、中、晚）对成品库房的温度、湿度进行检测，检查有无虫鼠害，确保库房整洁卫生、干燥通风。

8.2　运输：成品运输用专门的集装箱式货车，集装箱材质对人体无毒无害、耐腐蚀、易清洁消毒。每次装货前、卸货后要对运输车辆进行清扫、消毒，保持车辆内清洁干燥。

8.3　清洁：包装车间设备表面采用人工清洗擦拭；操作人员手部用洗手液或皂液清洗，并采用 75% 医用酒精喷淋消毒。

9　生产档案

对绿色食品黄金木耳生产过程，应建立田间生产档案，并妥善保存，保存至少3年以上以备查阅。

（四）基地图绘制范例

生产基地位置图绘制范例如图4-1所示；生产基地地块分布图绘制范例如图4-2所示。申请人应根据本基地实际情况绘制地图。

图 4-1　生产基地位置图

图 4-2　地块分布图

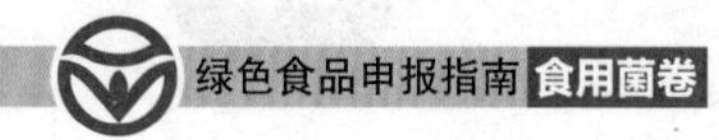

（五）合同协议类文件签署范例

本范例中，食用菌生产基地共流转43个农户的土地，其明细详见图4-3。

××××× 村珍稀食用菌产业园区 2016 年土地流转资金兑付表

填报单位：巴山镇石坝子村村委会

序号	组别	姓名	身份证号	地点	流转面积（亩）	标准（元/亩）	金额（元）
1	四组	宋业明		阳面子	0.72	500	360
2	四组	宋业忠		阳面子	1.98	500	990
3	四组	宋业秀		阳面子	1.17	500	585
4	四组	岳丁山		阳面子	0.34	500	170
5	四组	宋业方		阳面子	2.35	500	1175
6	四组	宋秀华		阳面子	0.70	500	350
7	四组	岳华山		阳面子	2.85	500	1425
8	四组	宋秀承		阳面子	1.00	500	500
9	四组	宋秀林		阳面子	1.00	500	500
10	四组	宋仲林		阳面子	0.65	500	325
11	四组	彭秀英		阳面子	2.00	500	1000
12	四组	宋仲刚		阳面子	0.89	500	445
13	四组	宋仲新		阳面子	1.78	500	890
14	四组	岳[illegible]山		阳面子	1.30	500	650
15	四组	[illegible]		阳面子	0.60	500	300
16	四组	宋华建		阳面子	1.78	500	890
17	四组	王翠英		阳面子	2.10	500	1050
18	四组	宋秀云		阳面子	1.77	500	385
19	四组	冯陈		阳面子	2.77	500	385
20	四组	冯翠兰		阳面子	2.44	500	220
21	四组	彭加寿		阳面子	2.13	500	65
22	四组	冯安孝		阳面子	3.36	500	1680
23	四组	岳丘山		阳面子	2.30	500	150
24	四组	李玉华		阳面子	2.23	500	115
25	四组	冯田		阳面子	2.75	500	375
26	四组	冯春兰		阳面子	2.26	500	130
27	四组	冯安林		阳面子	1.70	500	850
28	四组	宋仲刚		阳面子	2.43	715	715
29	四组	宋仲恒		阴面子	1.30	500	650
30	四组	宋仲安		阴面子	2.60	500	800
31	四组	宋仲寿		阴面子	2.30	500	650
32	四组	宋仁才		阴面子	2.60	500	1300
33	四组	宋建国		阴面子	1.70	500	350
34	四组	宋建华		阴面子	2.70	500	850
35	四组	宋建平		阴面子	1.65	500	325
36	四组	宋康建		阴面子	2.20	500	600
37	四组	刘开成		阴面子	3.00	500	1090
38	四组	宋良建		阴面子	2.50	500	1250
39	四组	宋兴建		阴面子	2.50	500	1250
40	四组	宋恒建		阴面子	1.30	500	650
41	四组	何朝义		阴面子	1.20	500	600
42	四组	宋志敏		阴面子	1.60	500	700
43	四组	[illegible]		阴面子	1.50	500	250
合计					80		27990

填单人（签字）：[illegible]　组长（签字）：　经办人（签字）：

村两委意见：

支书（主任）签字：[illegible]　兑付时间：2016年 12月 28 日

图 4-3　土地流转清单

（六）资质证明文件范例

绿色食品内部检查员证书范例见图4-4；国家农产品质量安全追溯平台生产经营主体注册信息表见图4-5。

绿色食品
GreenFood
绿色食品企业内部检查员
证　书

所在企业：[illegible]家庭农场
证书编号：26202006001113

王XX　先生/女士，参加绿色食品企业内部检查员培训，按《绿色食品企业内部检查员培训大纲》完成规定课程，考试合格，取得绿色食品企业内部检查员任职资格，特发此证。

中国绿色食品发展中心
内检员证书专用章
2020年06月23日

图 4-4　绿色食品企业内部检查员证书

国家追溯平台生产经营主体注册信息表

2020-06-30 16:06

主体信息	主体名称	[illegible]家庭农场		
	主体身份码	[illegible]		
	组织形式	企业/个体工商户		
	主体类型	生产主体		
	主体属性	一般主体		电子身份标识
	所属行业	种植业	企业注册号	[illegible]
	证件类型	三证合一营业执照（无独立组织机构代码证）	组织机构代码	无
	营业期限	长期		
	详细地址	[illegible]		
	企业类型	非农垦企业,非地理标志认证		
法定代表人及联系信息	法定代表人姓名	[illegible]	法定代表人证件类型	大陆身份证
	法定代表人证件号码	[illegible]	法定代表人联系电话	1839164[illegible]
	联系人姓名	[illegible]	联系人电话	1839164[illegible]
	联系人邮箱	[illegible]@qq.com		
证照信息				
法人身份证件信息				

图 4-5　国家农产品质量安全追溯平台生产经营主体注册信息表页面

（七）采购证明文件范例

生产资料采购合同、证明文件及相关单据范例如图4-6至图4-10所示。

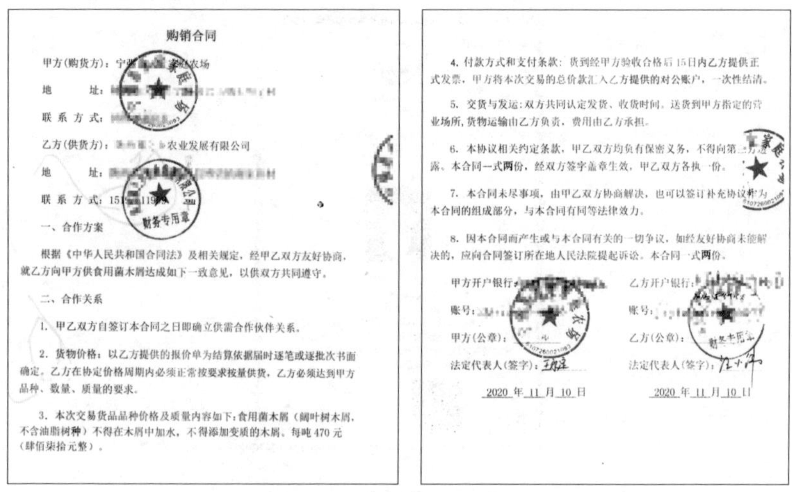

购销合同

甲方(购货方)：宁[illegible]农场

地　　址：[illegible]

联系方式：[illegible]

乙方(供货方)：[illegible]农业发展有限公司

地　　址：[illegible]

联系方式：151[illegible]119[illegible]

一、合作方案

根据《中华人民共和国合同法》及相关规定，经甲乙双方友好协商，就乙方向甲方供食用菌木屑达成如下一致意见，以供双方共同遵守。

二、合作关系

1. 甲乙双方自签订本合同之日即确立供需合作伙伴关系。

2. 货物价格：以乙方提供的报价单为结算依据届时逐笔或逐批次书面确定。乙方在协定价格周期内必须正常按要求按量供货，乙方必须达到甲方品种、数量、质量的要求。

3. 本次交易货品品种价格及质量内容如下：食用菌木屑（阔叶树木屑，不含油脂树种）不得在木屑中加水，不得添加变质的木屑，每吨470元（肆佰柒拾元整）。

4. 付款方式和支付条款：货到经甲方验收合格后15日内乙方提供正式发票，甲方将本次交易的总价款汇入乙方提供的对公账户，一次性结清。

5. 交货与发运：双方共同认定发货、收货时间，送货到甲方指定的营业场所，货物运输由乙方负责，费用由乙方承担。

6. 本协议相关约定条款，甲乙双方均负有保密义务，不得向第三方泄露。本合同一式两份，经双方签字盖章生效，甲乙双方各执一份。

7. 本合同未尽事项，由甲乙双方协商解决，也可以签订补充协议作为本合同的组成部分，与本合同有同等法律效力。

8. 因本合同而产生或与本合同有关的一切争议，如经友好协商未能解决的，应向合同签订所在地人民法院提起诉讼。本合同一式两份。

甲方开户银行：[illegible]　　乙方开户银行：[illegible]

账号：[illegible]　　账号：[illegible]

甲方(公章)：　　乙方(公章)：

法定代表人(签字)：[illegible]　　法定代表人(签字)：[illegible]

2020年11月10日　　2020年11月10日

图4-6　木屑购销合同

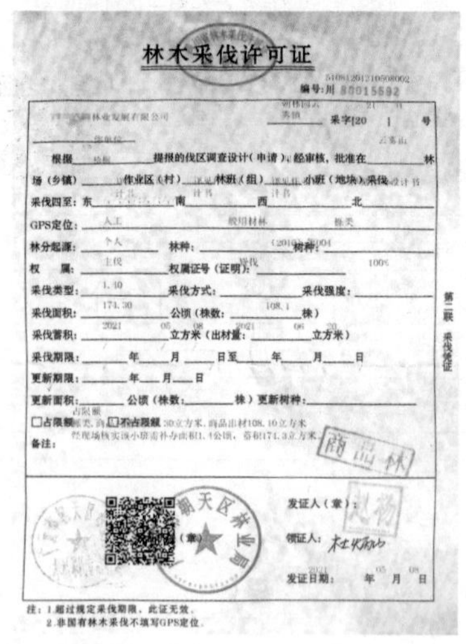

林木采伐许可证

编号：川 [illegible]

采字[20　]　号

根据____提报的伐区调查设计（申请），经审核，批准在____林场（乡镇）____作业区（村）____林班（组）____小班（地块）采伐

采伐四至：东____南____西____北____

GPS定位：

林分起源：____林种：____树种：____

权　　属：____权属证号（证明）：____

采伐类型：____采伐方式：____采伐强度：____

采伐面积：____公顷（株数：____株）

采伐蓄积：____立方米（出材量：____立方米）

采伐期限：____年____月____日至____年____月____日

更新期限：____年____月____日

更新面积：____公顷（株数：____株）更新树种：____

□占限额　□不占限额

备注：

发证人（章）：

领证人：

发证日期：　年　月　日

注：1.超过规定采伐期限，此证无效。
2.非国有林木采伐不填写GPS定位。

第二联　采伐凭证

图4-7　林木采伐许可证

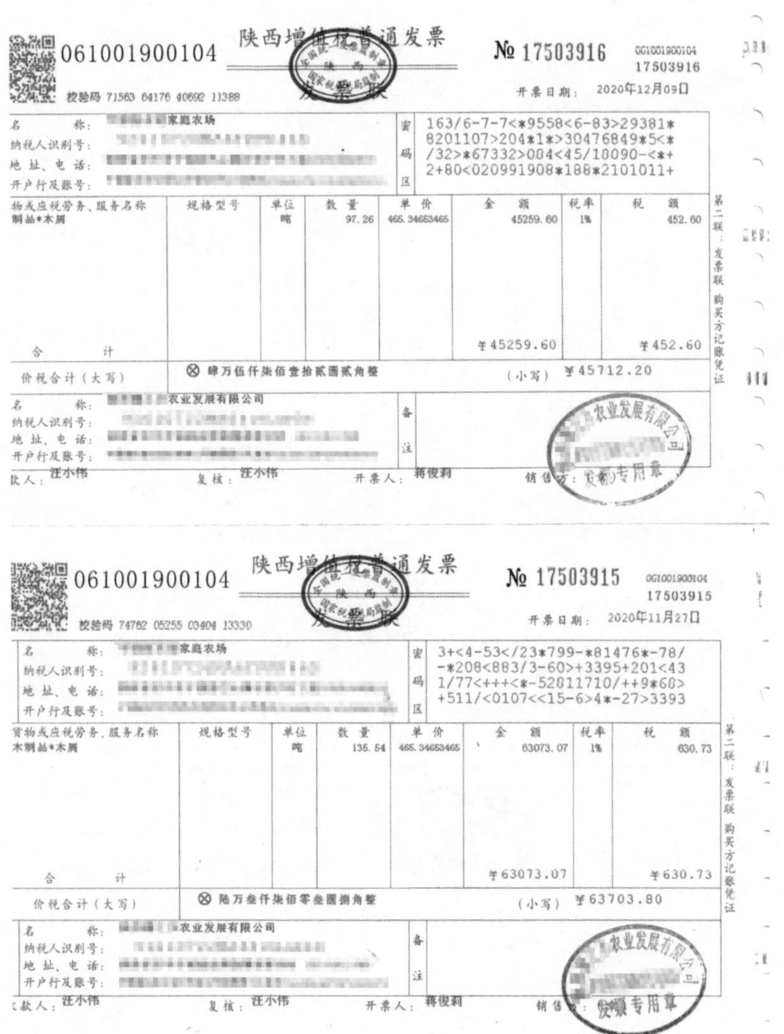

陕西增值税普通发票

061001900104　№ 17503916　061001900104 17503916

校验码 71563 64176 40692 11388　开票日期：2020年12月09日

购买方	名称：■■■家庭农场	密码区	163/6-7-7<*9558<6-83>29381* 8201107>204*1*>30476849*5<* /32>*67332>084<45/18090-<*+ 2+80<020991908*188*2101011+

货物或应税劳务、服务名称	规格型号	单位	数量	单价	金额	税率	税额
制品*木屑		吨	97.26	465.34653465	45259.60	1%	452.60
合计					¥45259.60		¥452.60
价税合计（大写）	⊗肆万伍仟柒佰壹拾贰圆贰角整				（小写）¥45712.20		

销售方 名称：■■■农业发展有限公司

收款人：汪小伟　复核：汪小伟　开票人：蒋俊莉　销售方：（章）

第二联：发票联 购买方记账凭证

陕西增值税普通发票

061001900104　№ 17503915　061001900104 17503915

校验码 74762 05255 03404 13330　开票日期：2020年11月27日

购买方	名称：■■■家庭农场	密码区	3+<4-53</23*799-*81476*-78/ -*208<883/3-60>+3395+201<43 1/77<+++<*-52811710/++9*68> +511/<0107<<15-6>4*-27>3393

货物或应税劳务、服务名称	规格型号	单位	数量	单价	金额	税率	税额
木制品*木屑		吨	135.54	465.34653465	63073.07	1%	630.73
合计					¥63073.07		¥630.73
价税合计（大写）	⊗陆万叁仟柒佰零叁圆捌角整				（小写）¥63703.80		

销售方 名称：■■■农业发展有限公司

收款人：汪小伟　复核：汪小伟　开票人：蒋俊莉　销售方：（章）

第二联：发票联 购买方记账凭证

图 4-8　木屑购买凭据

6100171350　　陕西增值税普通发票　　№ 04900966　6100171350 04900966

校验码 56456 94330 10198 53119　　发票联　　开票日期：2020年11月23日

购买方	名　　称：■■■■家庭农场 纳税人识别号：■■■■ 地 址、电 话：■■■■ 开户行及账号：■■■■	密码区	2>*4>718/5593>>+0149/54</>3 /-455+83*-7*0/-7718923>11/2 19996/8-8<9/2>442>3*4149540 >/379964/3<5<3>1998665<>-+*

货物或应税劳务、服务名称	规格型号	单位	数量	单价	金额	税率	税额
*谷物加工品*麸皮		公斤	34000	1.8348623853	62385.32	9%	5614.68
合　　计					¥62385.32		¥5614.68
价税合计（大写）	⊗陆万捌仟圆整				（小写）¥68000.00		

销售方	名　　称：■■■■面粉有限公司 纳税人识别号：■■■■ 地 址、电 话：■■■■ 开户行及账号：■■■■	备注	

收款人：杨 红　　复核：代娟娟　　开票人：柳小玲　　销售方：（章）

第二联：发票联 购买方记账凭证

6100171350　　陕西增值税普通发票　　№ 04901058　6100171350 0490105

校验码 58704 78726 29957 28084　　发票联　　开票日期：2020年12月09日

购买方	名　　称：■■■■家庭农场 纳税人识别号：■■■■ 地 址、电 话：■■■■ 开户行及账号：■■■■	密码区	7/7>0*972*+7*851*079000>9*8 2*4*799955<+1858-/-<62-7+*4 >3-23>307512/6-+/8978079814 <90*6<6/>0>>7/678*69+9/8>88

货物或应税劳务、服务名称	规格型号	单位	数量	单价	金额	税率	税额
*谷物加工品*麸皮		公斤	33000	1.8532110092	61155.96	9%	5504.(
合　　计					¥61155.96		¥5504.0
价税合计（大写）	⊗陆万陆仟陆佰陆拾圆整				（小写）¥66660.00		

销售方	名　　称：■■■■面粉有限公司 纳税人识别号：■■■■ 地 址、电 话：■■■■ 开户行及账号：■■■■	备注	

收款人：杨 红　　复核：代娟娟　　开票人：王瑜琪　　销售方：（章）

税总函〔2016〕675号 郑州冻港安全印刷有限公司

图 4-9　麸皮购买凭据

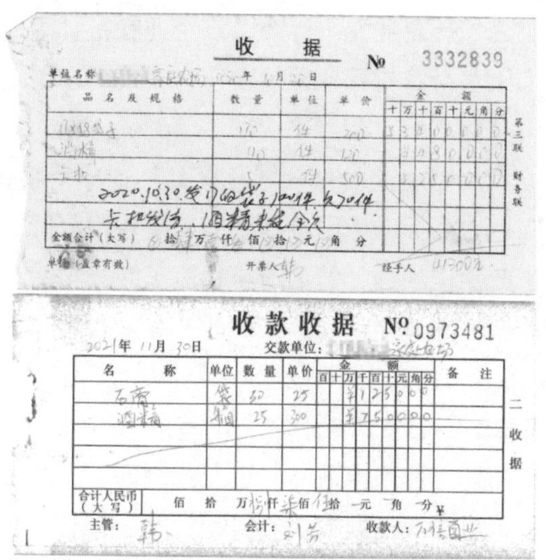

收　据　№ 3332839

单位名称　　　年　月　日

品名及规格	数量	单位	单价	金额（十 万 千 百 十 元 角 分）
金额合计（大写）　拾　万　仟　佰　拾　元　角　分				

单位（盖章有效）　开票人　经手人

第三联 财务联

收款收据　№ 0973481

2021年11月30日　交款单位：

名称	单位	数量	单价	金额（百 十 万 千 百 十 元 角 分）	备注
石膏	袋	50	25	¥1250.00	
酒精	桶	25	300	¥7500.00	
合计人民币（大写）　佰　拾　万　仟　佰　拾　元　角　分　¥					

主管：　会计：　收款人：

二 收据

图 4-10　酒精、石膏、包装袋收购凭据

二、工厂化绿色食品食用菌申报范例

本部分以上海××食用菌专业合作社初次申请绿色食品的申报材料为例。该企业成立于2010年10月，是一家集金针菇、杏鲍菇生产及销售于一体的现代农业产业化创新型企业。该企业周边生态环境良好，无潜在污染源；现有员工160人，技术人员20名；有55间现代化菇房，栽培面积4.2万米^2，基地严格按照绿色食品标准生产运行；拥有自主研发的集约化、智能化运行体系，生产过程采用电脑控制，实现了工厂化、标准化、周年化生产，大大降低了人工成本，增强了企业市场竞争力。

通过工厂化栽培金针菇和杏鲍菇，上海××食用菌专业合作社将生产下脚料转化为有机肥还田，年产有机肥10万吨，满足了当地蔬菜园艺场和林果生产基地对有机肥的需求，找到了一条生态农业发展新途径。为发挥企业龙头优势，该企业在把食用菌产业做大做强的同时，积极参与农村综合帮扶工作，吸纳40余名残疾人就业，并为他们缴纳社保。

上海××食用菌专业合作社绿色食品初次申请材料包括以下7个部分：《绿色食品标志使用申请书》和《食用菌调查表》、质量控制规范、生产操作规程、基地图与栽培车间分布图、合同协议类文件、资质证明文件、预包装标签设计及绿色食品标志使用。

（一）申请书和调查表填写范例

1.《绿色食品标志使用申请书》填写范例

《绿色食品标志使用申请书》填写范例如下。其中所填写的内容仅供参考，请申请人根据本企业实际情况填写。

绿色食品标志使用申请书

初次申请☑　续展申请□　增报申请□

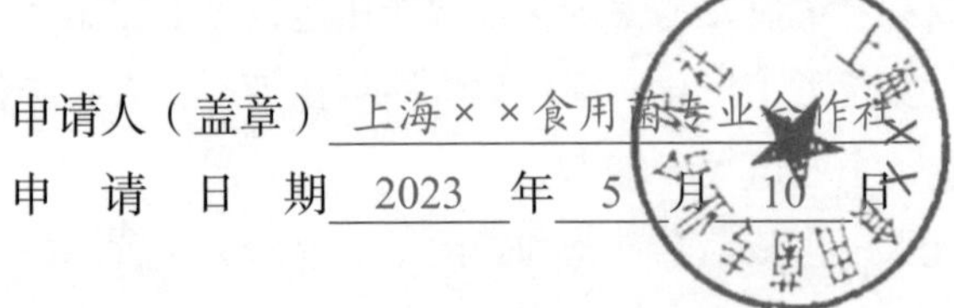

申请人（盖章）上海××食用菌专业合作社

申　请　日　期 2023 年 5 月 10 日

中国绿色食品发展中心

填 表 说 明

一、本表一式三份，中国绿色食品发展中心、省级工作机构和申请人各一份。

二、本表应如实填写，所有栏目不得空缺，未填部分应说明理由。

三、本表无签字、盖章无效。

四、本表的内容可打印或用蓝、黑钢笔或签字笔填写，语言规范准确、印章（签名）端正清晰。

五、本表可从中国绿色食品发展中心网站下载，用A4纸打印。

六、本表由中国绿色食品发展中心负责解释。

保 证 声 明

我单位已仔细阅读《绿色食品标志管理办法》有关内容，充分了解绿色食品相关标准和技术规范等有关规定，自愿向中国绿色食品发展中心申请使用绿色食品标志。现郑重声明如下：

1. 保证《绿色食品标志使用申请书》中填写的内容和提供的有关材料全部真实、准确，如有虚假成分，我单位愿承担法律责任。

2. 保证申请前三年内无质量安全事故和不良诚信记录。

3. 保证严格按《绿色食品标志管理办法》、绿色食品相关标准和技术规范等有关规定组织生产、加工和销售。

4. 保证开放所有生产环节，接受中国绿色食品发展中心组织实施的现场检查和年度检查。

5. 凡因产品质量问题给绿色食品事业造成的不良影响，愿接受中国绿色食品发展中心所作的决定，并承担经济和法律责任。

法定代表人（签字）：陈××　　　　申请人（盖章）

2023年5月10日

一 申请人基本情况

<table>
<tr><td>申请人（中文）</td><td colspan="5">上海 ×× 食用菌专业合作社</td></tr>
<tr><td>申请人（英文）</td><td colspan="5">/</td></tr>
<tr><td>联系地址</td><td colspan="3">上海市 ××区 ××镇 ××村 ×号</td><td>邮编</td><td>××××××</td></tr>
<tr><td>网址</td><td colspan="5">/</td></tr>
<tr><td>统一社会信用代码</td><td colspan="5">××××××××××××××××</td></tr>
<tr><td>食品生产许可证号</td><td colspan="5">/</td></tr>
<tr><td>商标注册证号</td><td colspan="5">9453110</td></tr>
<tr><td>企业法定代表人</td><td>陈 ××</td><td>座机</td><td>/</td><td>手机</td><td>139××××0163</td></tr>
<tr><td>联系人</td><td>陈 ××</td><td>座机</td><td>/</td><td>手机</td><td>139××××0163</td></tr>
<tr><td>内检员</td><td>魏 ××</td><td>座机</td><td>/</td><td>手机</td><td>186××××5991</td></tr>
<tr><td>传真</td><td>/</td><td>E-mail</td><td colspan="3">13906630163@163.com</td></tr>
<tr><td>龙头企业</td><td colspan="5">国家级☐ 省（市）级☑ 地市级☐</td></tr>
<tr><td>年生产总值（万元）</td><td colspan="2">7 500</td><td>年利润（万元）</td><td colspan="2">1 500</td></tr>
<tr><td>申请人简介</td><td colspan="5">上海 ×× 食用菌专业合作社成立于 2010 年，占地面积 210 亩，总投资 2 亿元，主要经营金针菇、杏鲍菇工厂化栽培。基地周边交通便利，具有良好的生态环境，无污染。现有员工 160 人，技术人员 20 名，有 55 间现代化菇房，栽培面积 4.2 万米^2。生产过程采用电脑控制，实现了工厂化、标准化、周年化生产。每个栽培周期 33 天，每周期单产达 35 千克 / 米^2，全年可循环 11 个周期，全年每平方米的产量是小农户传统生产的 40 倍。</td></tr>
</table>

注：申请人为非商标持有人，须附相关授权使用的证明材料。

二　申请产品基本情况

产品名称	商标	产量（吨）	是否有包装	包装规格	绿色食品包装印刷数量	备注
金针菇	××+图形	15 000	是	150克/包	15 000万个	
杏鲍菇	××+图形	5 000	是	150克/包	5 000万个	

注：续展产品名称、商标变化等情况需在备注栏中说明。

三　申请产品销售情况

产品名称	年产值（万元）	年销售额（万元）	年出口量（吨）	年出口额（万美元）
金针菇	5 000	4 950	/	/
杏鲍菇	2 500	2 450	/	/

填表人（签字）：魏××　　　　内检员（签字）：魏××

2.《食用菌调查表》填写范例

《食用菌调查表》填写范例如下。其中所填写的内容仅供参考，请申请人根据本企业实际情况填写。

食用菌调查表

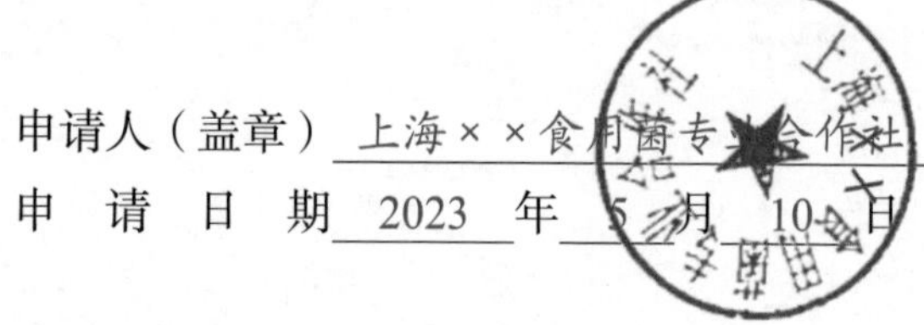

申请人（盖章）上海××食用菌专业合作社

申 请 日 期 2023 年 5 月 10 日

中国绿色食品发展中心

填表说明

一、本表适用于食用菌鲜品或干品，食用菌罐头等深加工产品还须填写《加工产品调查表》。

二、本表一式三份，中国绿色食品发展中心、省级工作机构和申请人各一份。

三、本表应如实填写，所有栏目不得空缺，未填部分应说明理由。

四、本表无签字、盖章无效。

五、本表的内容可打印或用蓝、黑钢笔或签字笔填写，语言规范准确、印章（签名）端正清晰。

六、本表可从中国绿色食品发展中心网站下载，用A4纸打印。

七、本表由中国绿色食品发展中心负责解释。

一　申请产品情况

产品名称	栽培规模（万袋/万瓶/亩）	鲜品/干品年产量（吨）	基地位置
金针菇	7 500 万袋	鲜品：15 000	上海市 ××区 ××镇 ××村 ×号
杏鲍菇	2 500 万瓶	鲜品：5 000	上海市 ××区 ××镇 ××村 ×号

二　产地环境基本情况

产地是否位于生态环境良好、无污染地区，是否避开污染源？	是
产地是否距离公路、铁路、生活区 50 米以上，距离工矿企业 1 千米以上？	是
绿色食品生产区和常规生产区域之间是否有缓冲带或物理屏障？请具体描述	绿色食品生产区和常规生产区域之间设置有物理屏障，厂区全部生产金针菇、杏鲍菇，与周边农田、村庄、道路以围墙、绿化带有效隔离
请描述产地及周边的动植物生长、布局等情况	周边主要为农田、林地

三　基质组成 / 土壤栽培情况

产品名称	成分名称	比例（%）	年用量（吨）	来源
金针菇	米糠	20.0	1 680.0	大连 ×× 有限公司
	陈积松木屑	39.0	3 276.0	上海 ×× 有限公司
	玉米芯	39.0	3 276.0	夏邑县 ×× 有限公司
	贝壳粉	2.0	168.0	秦皇岛 ×× 有限公司
杏鲍菇	杂木屑	65.0	1 625.0	上海 ×× 有限公司
	麦麸	20.5	512.5	夏邑县 ×× 有限公司
	玉米粉	6.0	150.0	夏邑县 ×× 有限公司
	豆粕粉	6.0	150.0	夏邑县 ×× 有限公司
	石灰	1.5	37.5	安徽 ×× 有限公司
	石膏	1.0	25.0	安徽 ×× 限公司

注：1. “比例（%）”指某种食用菌基质中每种成分占基质总量的百分比。

2. 该表应根据不同食用菌依次填写。

四　菌种处理

菌种（母种）来源	金针菇菌种：外购自江苏 ×× 有限公司，自主扩繁 杏鲍菇菌种：外购自河北省 ×× 有限公司，自主扩繁	接种时间	每周接种
外购菌种是否有标签和购买凭证？	是		
简述菌种的培养和保存方法	有专门菌种培养室，采用发酵罐培养菌种。菌种保存采用低温定期移植保藏法，斜面培养，低温保藏，每隔 4 个月移植转管一次		
菌种是否需要处理？简述处理药剂有效成分、用量、用法	否		

五　污染控制管理

基质如何消毒？	高温高压灭菌
菇房如何消毒？	及时流水清洗，70℃蒸汽消毒及臭氧熏蒸
请描述其他潜在污染源（如农药化肥、空气污染等）	无，生产过程中不使用农药化肥，菌菇生产全程自动化，自动调节温湿光，不易受外界污染因素干扰。

六　病虫害防治措施

常见病虫害	菇蚊、绿霉等	
采用何种物理防治措施？请具体描述	菇房内悬挂黄板，保持厂区清洁，定期进行消毒。	
采用何种生物防治措施？请具体描述	无	
农药使用情况		
产品名称	通用名称	防治对象
不使用农药		

注：1. 相关标准见《绿色食品　农药使用准则》（NY/T 393）。
　　2. 该表应按食用菌品种分别填写。

七　用水情况

基质用水来源	自来水	基质用水量（千克 / 吨）	6 000
栽培用水来源	自来水	栽培用水量（吨 / 亩）	20

八　采后处理

简述采收时间、方式	全年采收，人工
产品收获时存放的容器或工具及其材质，请详细描述	塑料周转筐，托盒
收获后是否有清洁过程？如是，请描述清洁方法	否
收获后是否对产品进行挑选、分级？如是，请描述方法	是，按照品相、大小进行分类，分为 A 级、B 级和下脚料
收获后是否有干燥过程？如是，请描述干燥方法	否
收获后是否采取保鲜措施？如是，请描述保鲜方法	采后周转至 0 ~ 4℃冷库保鲜
收获后是否需要进行其他预处理？如是，请描述其过程	否
使用何种包装材料、包装方式、包装规格？是否符合食品级要求？	包装材料食品级，金针菇和杏鲍菇均为 150 克 / 包
产品收获后如何运输？	全程冷链运输

九 食用菌初加工

请描述初加工的工艺流程和条件：
无

产品名称	原料名称	原料量（吨）	出成率（%）	成品量（吨）
/	/	/	/	/

十 废弃物处理及环境保护措施

菇渣在菇房内经过持续10小时70℃蒸汽消毒后，作为有机肥还田到周边蔬菜基地

填表人（签字）：魏 × ×　　　　内检员（签字）：魏 × ×

（二）质量控制规范编制范例

绿色食品质量控制规范范例如下。其内容仅供参考，请申请人根据本企业实际情况编制相应的质量控制规范并遵照执行。

上海 ×× 食用菌专业合作社
绿色食品质量控制规范

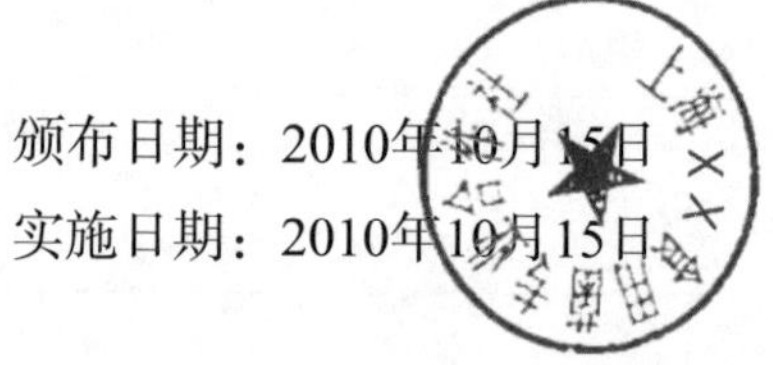

颁布日期：2010年10月15日

实施日期：2010年10月15日

说　明

上海××食用菌专业合作社依据《绿色食品　产地环境质量》（NY/T 391）、《绿色食品　农药使用准则》（NY/T 393）、《绿色食品　肥料使用准则》（NY/T 394）、《绿色食品　包装通用准则》（NY/T 654）、《绿色食品　储藏运输准则》（NY/T 1056）、《绿色食品　食用菌》（NY/T 749）等标准及相关法律法规，并结合生产的具体情况及需求，制定本《绿色食品质量控制规范》，主要通过建立并实施各项绿色食品管理制度，确保各项生产责任落实到位、生产过程严格按照绿色食品标准执行、产品的质量安全可控、全程质量可追溯，最终实现绿色食品可持续发展的目标。

批准人：陈××

生效日期：2010年10月15日

1　组织机构设置

上海××食用菌专业合作社，成立于2010年10月，是一家以金针菇、杏鲍菇生产及销售为一体的现代农业产业化创新型企业。企业坐落于上海市××区××镇××村×号，交通便利，周边生态环境良好，无潜在污染源。企业现有员工160人，技术人员20名；有55间现代化菇房，栽培面积4.2万米^2；基地严格按照绿色食品标准生产运行。在生产上拥有自主研发的集约化、智能化运行体系，生产过程采用电脑控制，实现了工厂化、标准化、周年化生产，大大降低了人工成本，增强了企业的市场竞争力。

合作社组织结构由社长制定、更新和审批。合作社组织结构图如下：

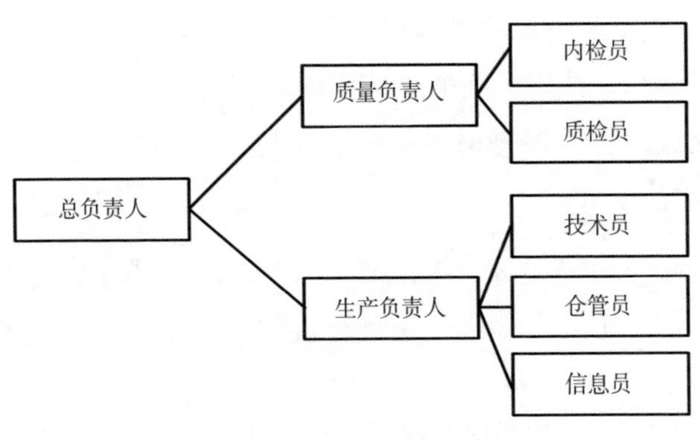

合作社组织结构图

2　人员分工职责

2.1　总负责人职责

2.1.1　统筹和协调基地各项工作，对基地的生产、产品安全、环境整洁、成本控制、收支收益及工作目标负责。

2.1.2 不断健全完善绿色食品管理制度，强化各类奖惩和激励措施。

2.1.3 配置齐全内检员、质检员、技术员、仓管员、信息员等岗位，明确岗位责任制，支持和督促工作有序开展。

2.1.4 建立生产档案标准化管理模式以全面、系统、正确、及时地记录好生产档案，确保产品质量可追溯。

2.1.5 按照绿色食品生产要求，全面推行标准化生产和管理。

2.2 质量负责人职责

2.2.1 全面负责食用菌质量管理工作，组织、建立与维护质量管理制度，确保质量管理体系的运行。

2.2.2 组织质量管理相关员工培训，使员工了解质量管理体系。

2.2.3 组织企业内部质量管理体系的内审，指导和监督生产各部门按照管理体系规定实施生产和解决实际问题。

2.2.4 建立合格产品准出制度，对所有上市产品的品质安全负责。

2.3 生产负责人职责

2.3.1 安排员工有序地进行各项农事操作，掌握各类农作物的生长情况、病虫害发生情况，协助总负责人做好日常生产管理。

2.3.2 严格执行政府部门对农业投入品（包括化学消毒剂、农药、肥料及菌种等）相关的规定和要求，确保上市产品质量安全可控。

2.3.3 负责生产人员管理，组织生产技术培训，努力提高员工的综合素质和技术水平。

2.3.4 负责制订产品的采收计划，每周发布上市品种和数量，掌握各区域生产情况并有计划地落实安排。

2.4 内检员职责

2.4.1 每年参加绿色食品内检员培训并获得资质，及时有效地在企业内部宣贯绿色食品标准，并对内部员工进行相关培训。

2.4.2 按照绿色食品标准和管理要求，协调、指导、检查和监督企业内部绿色食品原料采购、基地建设、投入品使用、产品检验、包装印刷、防伪标签、广告宣传等工作。

2.4.3 配合绿色食品工作机构开展绿色食品监督管理工作。

2.4.4 负责绿色食品申报管理工作，积极配合各级绿色食品工作机构协调沟通。

2.5 质检员职责

2.5.1 负责原辅料及产品的采样、检测（或送检）等工作，实事求是记录和反馈检测结果，对有疑问的要及时复检。

2.5.2 检测结果及相关数据应及时备份并按时上报，做好文档记录，确保管理有效有序。

2.5.3 定期参加培训与交流，更新检测技术和方法，提高自身检测水平和技能。

2.5.4 协助质量负责人分析质量情况，对不合格品制定纠正和预防措施。

2.6 技术员职责

2.6.1 负责生产资料采购、病虫害防治及具体生产指导工作，做好生产资料的使用管理。

2.6.2 按规定明确生产投入品，对购入的投入品严格审核，严禁国家禁止使用的化学消毒剂、农药、肥料或菌种流入基地。

2.6.3 负责对生产人员进行病虫害防治和安全用药知识的培训。

2.6.4　积极配合各级农业部门做好生产新技术示范工作，推广绿色防控技术，提升基地生产技术水平。

2.7　仓管员职责

2.7.1　熟悉和了解国家关于原辅料、化学消毒剂、农药、肥料、菌种等储存及使用的相关法规和政策，掌握农业化学投入品安全使用的基本知识。

2.7.2　按照物品类型专库分类存放，井然有序，标识明显，不得与其他杂物混放。

2.7.3　做好仓库防雷、防潮工作，每天通风，保持仓库内干燥整洁。

2.7.4　负责各类生产资料入库、存放、出库，并做好台账记录。

2.7.5　做好废弃物料处理记录。

2.8　信息员职责

2.8.1　做好农事操作、质检等各类信息的采集、形成、积累工作，并做好记录的保存及信息上传工作。

2.8.2　确保档案信息记录清晰完整，内容涵盖时间、地点、人物、数量等关键信息，能够真实反映绿色食品生产全过程。

2.8.3　定期参加农业行政主管部门组织的信息员培训，熟悉信息录入系统。

2.8.4　做好档案记录的保管工作，档案记录至少保存两年以上。

3　投入品管理制度

3.1　原辅料及菌种管理

3.1.1　原辅料应采购于稳定基地，制定原辅料验收程序、质量要求、抽样及检验方法等，原辅料经检验合格后方可使用。

3.1.2 应建立原辅料合格供应商名单，建立合格供应商的评价及追踪制度，建立原辅料采购台账。

3.1.3 菌种必须来自经地方农业行政主管部门批准的具有资质的菌种经营者。

3.1.4 原辅料应分类储存，避免变质，需冷藏的原料，应按照相关要求储存。不合格的原辅料应单独存放并标识。

3.2 农业化学投入品控制

3.2.1 严格按照《绿色食品　农药使用准则》（NY/T 393）、《绿色食品　肥料使用准则》（NY/T 394）要求合理选用农业化学投入品，农业化学投入品应由物资采购部门统一向有资质的销售商采购。

3.2.2 应对购入的各类农业化学投入品进行严格审核，严禁国家禁止使用的农药、肥料以及假冒伪劣、“三无”产品流入生产，并指导做好登记入库工作。

3.2.3 化学消毒药剂、农药、肥料的使用必须符合《绿色食品　农药使用准则》（NY/T 393）、《绿色食品　肥料使用准则》（NY/T 394）的要求。

3.3 培养料控制

3.3.1 应根据菌种特性科学合理配置培养料，成分明确、经安全性评估后方可使用，不得随意添加营养剂等化学物质。

3.3.2 培养料制备用水和出菇管理用水，可用自来水、井水、泉水等，水质应达到生活饮用水标准。

3.3.3 培养料应充分灭菌，若使用农家肥等有机肥料，使用前应进行无害化处理。

4 生产档案管理制度

4.1 应安排专门人员负责生产档案记录，并对记录员每年培训 1 ~ 2 次。

4.2 应使用统一格式的生产档案记录本，档案记录要及时准确、清晰可查，如实反映田间的农事操作过程。

4.3 化学消毒药剂、农药使用记录档案应真实、完整，按作物分别记录使用的农药名称、防治对象、时间、使用剂量、次数等内容。

4.4 肥料使用记录档案应包括肥料名称、施用量、施用方法、时间、次数等内容。

4.5 应建立包括培养基制作和灭菌、菌种接种、发菌、菇棚消毒、病虫害防治、喷水、采收、产品销售去向等内容的农事操作记录。

4.6 生产档案记录应在 1 周内及时上传至相关产品质量安全追溯平台。

4.7 生产档案记录本保存 2 年以上。

5 仓库贮藏管理制度

5.1 成品、原辅材料、内包装材料分别储存于专用库，不得存放与本库无关的其他物品，杜绝交叉污染。

5.2 仓库应配备足够的衬垫板，并使储存物品距离墙壁、地面分别在 30 厘米、10 厘米以上，仓库应经常整理，堆垛不宜过高过密，便于抽样和货物进出。

5.3 严格执行仓库的进、销、存操作制度，做到账单相符，账物相符，手续清楚，每月按时盘存。

5.4 仓库应保证通风、阴凉、干燥、清洁，做到防高温、防潮湿、防虫、防鼠、防尘。

5.5 原辅料、内包装等材料产品严格按照批次、日期进出库，做到先进先出，严禁超期储存。

5.6 成品应专库存放，按批次堆放整齐，并加挂相应的标识牌。

6 采后储运管理制度

6.1 遵循适时采收原则，根据产品特性选择合适的采收手段，同时注意个人及农机用具卫生清洁，防止对产品造成污染。

6.2 采收时尽量避免产品机械损伤，选择合适的采收筐及周转箱，堆放整齐。

6.3 运输工具应清洁、干燥、无异味，符合卫生要求，并能防雨、防潮。不得与有毒、有害及有异味物品混装、混运。

7 质量可追溯制度

7.1 企业负责人负责制：对基地采收上市的所有产品质量，由企业负责人负责，出现质量问题追查其责任。

7.2 在真实、准确记录生产档案记录的基础上，及时将相关信息上传至相关信息平台，接受上级部门监督和指导。

7.3 基地生产的产品采收前须通过质量检测，做到不检测不采收，不合格不上市，并将检测结果建档备案。

7.4 做好基地安全监管工作，严把产品质量安全关，提倡信誉第一，诚信服务。

7.5 投入品采购严格按投入品管理制度执行，并保存采购凭据，以便追根溯源。

7.6 买卖双方完善购销手续，如果出现产品质量问题可依据购销凭证追溯。

7.7 对检测不合格的产品，立即追查原因，并通知相关人员，将相关产品妥善处置。

8 绿色食品标志使用管理制度

8.1 未经中国绿色食品发展中心许可，不得使用绿色食品标志。
8.2 严格执行绿色食品标准，保持绿色食品产地环境和产品质量稳定可靠。
8.3 遵守标志使用合同及相关规定，规范使用绿色食品标志。
8.4 禁止将绿色食品标志用于非许可产品及其经营性活动。
8.5 在证书有效期内，单位名称、产品名称、产品商标等发生变化，应及时向绿色食品省级工作机构提出办理变更手续申请。
8.6 产地环境、生产技术等条件发生变化，导致产品不再符合绿色食品标准要求的，应当立即停止标志使用，并通过省级工作机构向中国绿色食品发展中心报告。
8.7 严格按照绿色食品标志管理办法使用、印刷绿色食品标志。
8.8 绿色食品标志出入库时，应当清点数量，登记台账；绿色食品标志出入库台账应当存档，对残、次、废绿色食品标志应销毁并予以记录。

（三）生产操作规程编制范例

上海××食用菌专业合作社的绿色食品食用菌生产操作规程编制范例如下，其中包括金针菇和杏鲍菇两个产品的生产操作规程。其内容仅供参考，申请人应根据本农场实际情况编写本企业的生产操作规程。

绿色食品　金针菇生产操作规程

1　范围

本规程规定了绿色食品金针菇生产的要求，适用于绿色食品金针菇的生产及管理。

2　规范性引用文件

下列文件中的内容通过文中的规范性引用而构成本文件必不可少的条款。

GB/T 191　包装储运图示标志

GB/T 12728　食用菌术语

GB/T 24616　冷藏食品物流包装、标志、运输和储存

GB/T 37671　金针菇菌种

NY/T 391　绿色食品　产地环境质量

NY/T 393　绿色食品　农药使用准则

NY/T 528　食用菌菌种生产技术规程

NY/T 658　绿色食品　包装通用准则

NY/T 749　绿色食品　食用菌

NY/T 1934　双孢蘑菇、金针菇贮运技术规范

NY/T 5099　无公害食品　食用菌栽培基质安全技术要求

3　术语和定义

GB/T 12728中界定的以及下列术语和定义适用于本文件。

3.1 液体菌种 liquid spawn

在液体培养基中培养的菌种。

3.2 摇瓶菌种 liquid spawn by shake cultivation

以恒温摇床培养方式培养的菌种。

3.3 深层发酵培养菌种 liquid spawn by cultivation in fermenter

采用大型发酵罐为容器培养的菌种。

4 产地环境

4.1 厂区环境：产地环境要求符合 NY/T 391 的要求。厂区应清洁卫生、水质优良、地势平坦、交通便利；远离工矿区、城市污染源，以及禽畜舍、垃圾场和死水水塘等食用菌病虫源滋生地。与常规农田邻近的食用菌厂区应设置缓冲带或物理屏障，以避免受农田有害物飘逸的影响。不宜选择地势低洼、洪涝灾害风险高的场所。

4.2 厂区布局：应根据金针菇的生产工艺流程，科学规划各生产区域。堆料场、拌料车间、装瓶 / 装袋车间、灭菌区、隔热缓冲间、冷却区、接种清洗缓冲室、接种区、培养区、出菇区、包装车间、贮存冷藏库应各自独立，又合理衔接，其中灭菌区、隔热缓冲间、冷却区和接种区应紧密相连。生产废弃物处理区应严格远离其他区域。

5 投入品

5.1 生产用水：生产用水应符合 NY/T 391 的规定。

5.2 栽培原料：主辅料应来自安全生产农区，质量应符合 NY 5099 及绿色食品相关规定要求，要求洁净、干燥、无虫、无霉、无异味，防止有毒有害物质混入，不应使用来源于污染农田或污染区农田的原料。

5.3 设备设施：搅拌车间、装瓶/装袋车间采用半封闭式厂房，能够遮阴、避雨，满足设备运行和生产操作的需求。灭菌区、冷却区、接种区、培养区、出菇区采用封闭式厂房，发菌室应安装初效或中效新风处理系统，能够对温度、湿度、CO_2浓度、光照等参数进行人工调控，满足设备运行和生产操作的需求。栽培环境控制系统、水电等设施应与生产规模相匹配，并符合相关质量安全标准。灭菌锅等压力设备，应通过相关部门检验合格后使用，并定期检查、维护和校验，由专人持证操作。

6 菌种选择及质量要求

6.1 菌种选择：选用优质高产、抗病抗逆性强、适应性广、商品性好的品种；菌种应从具资质的单位购买，菌种来源可追溯。

6.2 菌种生产及质量要求：菌种生产应符合 NY/T 528 的规定，菌种质量应符合 GB/T 37671 的规定，用于生产的菌种必须种性纯正、生命力旺盛。

液体菌种生产按照摇瓶培养和发酵罐深层培养两个阶段进行，培养基配方为PDA标准培养基。摇瓶菌种要求菌种外观澄清透明不浑浊，无杂菌、无异味；菌丝体密集、均匀悬浮于液体中不分层，菌丝体湿重不少于8克/升。发酵罐深层培养菌种要求菌液澄清透明不浑浊，稍黏稠；菌丝体密集、均匀悬浮于液体中不分层，菌丝粗壮、分枝密度高、有隔膜，可见锁状联合，无杂菌，菌丝体湿重10克/升，pH值<5.0。

7 生产工艺流程

备料→拌料→装瓶（袋）→灭菌→冷却→接种→发菌管理→出

菇管理→采收和包装

7.1 备料：可选用下列配方。

（1）玉米芯42.5%，米糠30%，麸皮10%，啤酒糟5.5%，大豆皮5.5%，甜菜渣4%，贝壳粉1.5%，碳酸钙1%。

（2）陈积松木屑39%，米糠20%，玉米芯39%，贝壳粉2%。

7.2 拌料：将主料、辅料及其他配料按配方量逐一加入拌料机内，加水后两级或三级搅拌，充分混匀，栽培基质含水量 65% ~ 67%，pH 值 6.2 ~ 6.8，灭菌后 pH 值 5.8 ~ 6.2。搅拌区地面、墙壁清洁无杂物，地面无积水，包装废弃物、垃圾应及时清理。

7.3 装瓶（袋）：瓶栽可选用容量为 1 100 ~ 1 400 毫升的塑料瓶，每瓶装料量（湿重）为 950 ~ 1 100 克。袋栽可采用（17 ~ 18）厘米 ×（37 ~ 38）厘米 ×（0.004 5 ~ 0.005 0）厘米的栽培袋，每袋装料量为 1 150 ~ 1 250 克。

7.4 灭菌：采用高压蒸汽灭菌，将盛放料瓶的周转筐移入灭菌柜，在蒸汽压力达到 125 ~ 300 千帕条件下，维持 80 ~ 120 分钟，灭菌结束，待压力降至常压再开柜。

拌料、装瓶（袋）、灭菌应在当天内完成。

7.5 冷却：待料袋 / 料瓶温度降至 50 ~ 60℃时移入冷却室，洁净冷却。冷却室应事先进行清洁和除尘处理。

7.6 接种：料袋 / 料瓶温度降至 21℃以下时才可移入接种室接种。使用接种机或人工接种，接种工具、接种室等在使用前应进行洁净和消毒处理。接种过程要严格无菌操作，接种结束后及时清理接种室。

7.7 发菌管理

7.7.1 发菌条件：发菌室应洁净无尘、通风良好，遮光效果好。

7.7.2 发菌培养：接种后，将菌瓶（袋）整筐摆放在发菌层架上进行避光分段培养。第一阶段培养 5 ~ 6 天，温度控制在 14 ~ 16℃，瓶间温度控制在 15 ~ 19℃，二氧化碳浓度控制在 0.3% 以下，湿度以自然湿度为标准；第二阶段培养 16 ~ 18 天，温度控制在 12 ~ 15℃，瓶间温度控制在 15 ~ 20℃，空气相对湿度控制在 70% ~ 80%，二氧化碳浓度控制在 0.4% 以下。经过 21 ~ 23 天，菌丝长满 95% 以上。

发菌期间经常观察菌丝生长状况，及时清除已被杂菌污染的菌瓶（袋）。清理后的污染菌瓶（袋）应进行无害化处理。

7.8 出菇管理

7.8.1 搔菌：菌瓶（袋）发菌管理结束，移出培养房，开瓶（袋），搔除瓶口老化菌皮，搔菌深度为瓶口离料面距离（2.5 ± 0.1）厘米。确认搔菌后的料面平整，无细菌、霉菌污染等，料面冲洗干净，补水后无漂浮物。排放于专用出菇架上转移至出菇房。

7.8.2 催蕾：温度控制在 14 ~ 15℃，空气相对湿度控制在 95% ~ 98%，二氧化碳含量保持在 0.3% ~ 0.4% 为宜，原基分化，菇蕾出现，处理时间 8 ~ 10 天。

7.8.3 抑制期：温度控制在 4 ~ 5℃，空气相对湿度控制在 85% ~ 90%，二氧化碳浓度保持在 0.3% ~ 0.4% 为宜。芽出瓶口 0.5 ~ 1.0 厘米时开始光照，利用光抑制配合低浓度二氧化碳控制芽数和整齐度，光照强度 200 克勒斯，间歇式照射 2 ~ 3 小时。再利用弱风抑制增加芽紧实度，风机的频率为 30 ~ 40 赫兹，抑制期 5 ~ 7 天。

7.8.4 包片：瓶栽方式，第 15 ~ 17 天，芽出瓶口 1 ~ 2 厘米，菌盖大小控制在 1 ~ 2 毫米时，瓶口包塑料片。包片后温度控制在 5 ~ 7.5℃，空气相对湿度控制在 96% ~ 98%，二氧化碳浓度保持在 0.4% ~ 0.6% 为宜。

7.8.5 伸长期：第 18 ~ 24 天，温度控制在 6 ~ 7.5℃，空气相对湿度控制在 80%，二氧化碳浓度保持在 1% ~ 1.8% 为宜。

7.8.6 采收期：温度控制在 6 ~ 8℃，空气相对湿度控制在 80%，二氧化碳浓度保持在 1% ~ 1.5% 为宜。第 25 ~ 26 天，菌盖直径可达 0.5 ~ 0.7 厘米，菌柄长度 15 ~ 18 厘米，即可采收。

7.9 采收和包装

采收和质量要求、预冷、包装应符合NY/T 749、NY/T 1934和NY/T 658的要求。包装标识应清晰、规范、完整、准确，符合GB/T 191和GB/T 24616的规定。

8 病虫害防治

8.1 防治原则：应贯彻“预防为主、综合防治”的方针。以农业防治和物理防治为主。

8.2 防治方法

8.2.1 农业防治

（1）选用抗病抗逆性强、活力好的菌种，用于生产的菌种必须健壮、适龄且无病虫杂菌污染。

（2）培养料灭菌应彻底，操作人员严格按照无菌操作规程接种。

（3）发菌场所应整洁卫生、通风良好，发现杂菌污染菌瓶（袋），及时清除，集中处理。

（4）菇房应保持良好的通风，子实体发病或菌（瓶）袋有虫害发生时，及时清除病菇并清理菌瓶（袋）。

8.2.2　物理防治

（1）接种室、发菌室及菇房应定时清洗，保持室内环境洁净、周围卫生环境良好。

（2）接种室、发菌室、出菇室环境消毒灭菌可采用臭氧等物理方法。定期进行产区环境检测，定期更换通风系统的过滤网或滤芯。

8.2.3　化学防治

（1）接种室、发菌室、菇房使用前应进行消毒处理，消毒方法参见附录A。

（2）病虫害发生严重时，使用已登记可在食用菌上使用的低毒低残留的农药，药物的使用应符合NY/T 393的规定。

（3）出菇期禁止使用任何化学药品。

9　清料

采收后，将菌袋（瓶）转移至废料场进行脱袋或脱瓶处理，及时对清空的菇房进行清洗及消毒处理，所用消毒剂及其使用方法参见附录A。

10　生产废弃物处理

10.1　废弃生产物料的处理：金针菇栽培中所产生的废塑料袋（或瓶）、包装袋、栽培筐等废弃塑料，应集中回收处理，不可随意丢弃造成环境污染。瓶栽模式使用的菌瓶应回收利用。

10.2　菌渣的无害化处理：金针菇采收后的菌渣废弃物应资源化循环利用，可重新作为其他食用菌的栽培基质或用作农作物栽培基质、肥料。

11 贮存和运输

金针菇以鲜销为主，预冷、入库、贮藏、出库、运输要求应符合NY/T 1934的规定。

12 生产档案

建立绿色食品金针菇工厂化生产档案，明确地记录环境清洁卫生条件、各类生产投入品的采购及使用、生产管理过程、病虫害防治、包装运输等各个环节。生产记录档案应保留3年以上，做到农产品生产可追溯。

附录 A
（资料性附录）

表 A.1 绿色食品金针菇生产环境消毒和主要病虫害防治药剂与设备

防治对象	防治时期	防治用品名称	使用量	使用方法
杀菌／环境消毒	接种期	75% 乙醇	0.1% ~ 0.2% 浓度浸泡或直接涂擦	用于消毒接种工具、接种台、菌种外包装、接种人员的手等
	接种期、空库时期	紫外灯	直接照射，紫外灯与被照射物距离不超过 1.5 米，每次 30 分钟以上	用于接种室、冷却室、保鲜库等照射消毒，不得照射菌种、子实体
	空库时期	高锰酸钾	0.05% ~ 0.10% 的高锰酸钾溶液，喷雾或涂擦	培养室、无菌室、接种室、出菇房、空房等消毒

（续表）

防治对象	防治时期	防治用品名称	使用量	使用方法
杀菌 / 环境消毒	空库时期	氢氧化钙 / 石灰	石灰 10 克 / 升，现用现配，喷雾或涂擦	出菇房、出菇层架等表面消毒

绿色食品　杏鲍菇生产操作规程

1　范围

本规程规定了绿色食品杏鲍菇的生产要求，适用于绿色食品杏鲍菇的生产及管理。

2　规范性引用文件

下列文件中的内容通过文中的规范性引用而构成本文件必不可少的条款。

GB/T 191　包装储运图示标志

GB 4806.7　食品安全国家标准　食品接触用塑料材料及制品

GB/T 12728　食用菌术语

NY/T 391　绿色食品　产地环境质量

NY/T 393　绿色食品　农药使用准则

NY/T 528　食用菌菌种生产技术规程

NY/T 749　绿色食品　食用菌
NY 862　杏鲍菇和白灵菇菌种
NY/T 1655　蔬菜包装标识通用准则
NY/T 3418　杏鲍菇等级规格
NY 5099　无公害食品　食用菌栽培基质安全技术要求

3　术语和定义

GB/T 12728中界定的以及下列术语和定义适用于本文件。

3.1　菌渣 spent substrate

栽培食用菌后的培养基质。

3.2　枝条菌种 stick spawn

以浸泡处理和灭菌后杨树小木条为培养基质，长满杏鲍菇菌丝并作为栽培种应用的复合物。

3.3　摇瓶菌种 liquid spawn by shake cultivation

以恒温摇床培养方式培养的液体菌种。

3.4　深层发酵培养菌种 liquid spawn by cultivation in fermenter

采用大型发酵罐为容器培养的液体菌种。

4　产地环境

4.1　厂区环境：厂区环境应符合 NY/T 391 的要求。厂区应清洁卫生、水质优良、地势平坦、交通便利；远离工矿区和城市污染源，以及禽畜舍、垃圾场和死水水塘等食用菌病虫源滋生地。与常规农田邻近的食用菌厂区应设置缓冲带或物理屏障。

4.2 厂区布局：根据杏鲍菇的生产工艺流程，科学规划各生产区域。堆料场、拌料车间、装袋（瓶）车间、灭菌区、冷却区、接种区、发菌区、出菇区、包装车间、贮存冷藏库应各自独立，又合理衔接，其中灭菌区、冷却区和接种区应紧密相连。废弃物处理区应远离生产区域，并位于厂区主导风向下风侧。

5 农业投入品

5.1 生产用水：生产用水应符合 NY/T 391 的要求。
5.2 栽培原料：主辅料应来自安全生产农区，质量应符合 NY 5099 和绿色食品相关规定要求，要求洁净、干燥、无虫、无霉、无异味，防止有毒有害物质混入，不应使用来源于污染农田或污染区农田的原料。
5.3 设备设施：拌料车间、装袋车间应采用半封闭式厂房，能够遮阴、避雨，安装除尘设备，满足工人及设备操作的需求；冷却区、接种区、发菌区、出菇区应采用封闭式厂房，能够对温度、湿度、通风、光照等参数进行人工调控，发菌区须安装初效或中效新风处理系统，冷却区和接种区须安装初放、中效或高效新风处理系统。

栽培环境控制系统、水电等设施应与生产规模相匹配，并符合相关质量安全标准。锅炉、灭菌柜等压力设备应通过相关部门检验合格后方可使用，并定期检查、维护和校验，由专人持证操作。

6 菌种及质量要求

6.1 菌种选择：杏鲍菇菌种应优质高产、抗病抗逆性强、适应性广、商品性好，从具有资质的单位购买，并可追溯菌种的来源。
6.2 菌种生产及质量要求：杏鲍菇生产菌种可采用固体菌种或液

体菌种。

固体菌种生产应符合NY/T 528的规定，菌种质量应符合NY 862的规定。栽培种可采用枝条种或木屑玉米芯混合菌种。母种、栽培种培养基配方见附录A表A.1，用于生产的菌种必须菌性纯正、生命力旺盛、无病虫害干扰。

液体菌种生产按照摇瓶培养和发酵罐深层培养两个阶段进行，培养基配方见附录A表A.1。摇瓶菌种要求菌种外观澄清透明，无杂菌、无异味；菌丝体密集、均匀悬浮于液体中不分层，菌丝体湿重不少于8克/升。发酵罐深层培养菌种要求菌液澄清透明，稍黏稠；菌丝体密集、均匀悬浮于液体中不分层，显微镜下可见菌丝分枝密度高、有隔膜，可见锁状联合，无杂菌，菌丝体湿重10克/升以上，pH值<5.0。

7　生产工艺流程

备料→拌料→装袋（瓶）→灭菌→冷却→接种→发菌管理→出菇管理→采收和包装

7.1　备料：根据杏鲍菇对营养和 pH 值的需求进行科学配比，可采用附录 A 表 A.2 的配方。

7.2　拌料：将主料、辅料及其他配料按配方逐一置入拌料机内，充分混匀，使栽培基质含水量达 65% ~ 68%，pH 值 7.5 ~ 8.0。木屑、玉米芯等主料须提前用水预湿闷堆处理。

拌料区地面应平整、无积水、无杂物，拌料产生的垃圾应及时清理。

7.3　装袋（瓶）

杏鲍菇生产主要采用袋栽和瓶栽两种模式。袋栽宜选用（17～19）厘米×（35～38）厘米×（0.005～0.008）厘米的聚丙烯或聚乙烯塑料袋，每袋装料量为1 200～1 550克；瓶栽宜选用容量1 100～1 500毫升的塑料瓶，每瓶装料量为710～1 100克。机械装袋（瓶），要求料袋紧实，袋无破损，封口后将料袋（瓶）排放于周转筐内。装袋（瓶）结束后，及时清理装袋机轨道和地面上的料屑及破损塑料袋（瓶）。

7.4　灭菌

采用常压或高压蒸汽灭菌方式，将排放料袋（瓶）的周转筐移入灭菌设备内，常压灭菌应在100℃保持10小时以上；高压灭菌应在121～123℃保持2.5～3.5小时。

拌料、装袋在4小时内完成，并及时灭菌。

7.5　冷却：灭菌后灭菌锅压力降至常压，温度降至95℃以下，移入预冷室；待料袋（瓶）温度降至50～60℃，移入冷却室冷却。冷却室应事先进行清洁处理。

7.6　接种：料袋(瓶)中心温度降至25℃以下才可移入接种室接种。接种室消毒采用高效过滤器或移动层流罩将空气净化，结合臭氧消毒，使用接种机或人工接种，接种过程要严格无菌操作，接种结束后及时清理接种室。使用液体菌种接种，须具备完善的液体菌种生产与接种设备设施，并配备专业技术人员。

7.7　发菌管理

7.7.1　发菌条件：发菌室要求洁净无尘、通风良好，温度控制在20～25℃，空气相对湿度控制在65%～70%，菌袋模式须设置发菌层架。

7.7.2 发菌培养：将菌袋整筐摆放在发菌层架上，菌瓶整筐直接码放多层，避光培养。接种 5 天后经常观察菌丝生长状况，及时清除被杂菌污染的菌袋（瓶），并进行无害化处理。接种后 25 ~ 30 天菌丝发满菌袋（瓶），继续培养 5 ~ 7 天，菌丝达到生理成熟。

7.8 出菇管理

7.8.1 袋栽模式

7.8.1.1 催蕾：将发好菌的菌袋移入菇房，揭盖，排放于专用出菇架上。进入菇房的第 1 ~ 4 天，温度控制在 16 ~ 18℃，湿度控制在 75% ~ 85%，CO_2 浓度控制在 0.15% ~ 2.8%，无须光照和通风，循环风定时开。第 5 天将套环外拉，温度控制在 14 ~ 16℃，每天通风换气并给予光照，菇蕾出现后将套环去除。

7.8.1.2 疏蕾：第 10 ~ 15 天，温度控制在 12 ~ 14℃，湿度控制在 90% ~ 95%，CO_2 浓度控制在 0.15% ~ 2.8%，给予光照并加强通风。当菇蕾高度为 5 ~ 9 厘米时，及时疏蕾，剔除不规则小菇或劣质菇，保留 2 ~ 4 个优势菇蕾向袋口伸长。

7.8.1.3 生长期管理：温度控制在 12 ~ 14 ℃，湿度控制在 85% ~ 95%，CO_2 浓度升高至 0.3% ~ 0.8%，每天通风换气并增加光照。采收前 3 ~ 4 天不宜光照。

7.8.2 瓶栽模式

7.8.2.1 搔菌、催蕾：菌瓶移入菇房前机械搔菌，去除瓶口老化菌皮，保持料面平整，然后排放于专用出菇架上。进入菇房的第 1 ~ 4 天，温度控制在 16 ~ 18℃，湿度控制在 75% ~ 85%，无须光照和通风，循环风定时开。第 5 天将温度控制在 14 ~ 16℃，每天通风换气并给予光照，诱导菇蕾出现。

7.8.2.2 疏蕾：第 10 ~ 15 天，温度控制在 14 ~ 16℃，湿度控制在 90% ~ 95%，CO_2 浓度 0.15% ~ 2.8%，给予光照并加强通风。当菇蕾高度为 2 ~ 3 厘米时进行适当疏蕾，也可不疏蕾。

7.8.2.3 生长期管理：温度控制在 10 ~ 12 ℃，湿度控制在 85% ~ 95%，CO_2 浓度升高至 0.3% ~ 0.8%，光照强度 200 ~ 500 勒克斯，通风循环风同时开。

7.9 采收和包装

7.9.1 采收：当菌盖近平展，直径与菌柄直径基本一致时即可采收。采收时佩戴口罩，手握菌柄，快速掰下，随手修剪，轻轻放入铺有柔软海绵垫的采收筐内，尽量避免菇体间的碰触和损伤，保持菇体完整。产品质量安全应符合 NY/T 749 的规定。

7.9.2 清库：采收后，将菌袋（瓶）转移至生产废弃物处理区进行脱袋或挖瓶处理，菇房内地面上的菇根、死菇等残留物应及时清理，对清空的菇房进行清洗及消毒处理，所用消毒剂及其使用方法参见附录 B。

7.9.3 包装：包装前杏鲍菇须在 3 ~ 5℃的冷库中预冷至菇体中心温度达 7℃以下。包装车间保持清洁、干燥。包装人员应穿戴干净的衣、帽、鞋和口罩，根据 NY/T 3418 的要求对杏鲍菇进行归类分级，按照客户需求装入专用的包装容器内。包装材料应清洁、干燥、无毒、无异味，符合 GB 4806.7 的规定；包装标识应清晰、规范、完整、准确，符合 GB/T 191 和 NY/T 1655 的规定。

8 病虫害防治

8.1 防治原则

应贯彻“预防为主、综合防治”的方针。以农业防治和物理防治为主。

8.2 主要病害、虫害

8.2.1 主要病害：绿霉、毛霉、链孢霉、根霉、细菌性病害等。

8.2.2 主要虫害：蚊蝇类、螨类、线虫类等。

8.3 防治方法

8.3.1 农业防治

8.3.1.1 选用抗病抗逆强、活力好的菌种，用于生产的菌种必须健壮、适龄且无病虫污染。

8.3.1.2 培养料灭菌应彻底,操作人员严格按照无菌操作规程接种。

8.3.1.3 发菌场所应整洁卫生、通风良好，发现杂菌污染袋，及时清理出来，集中处理。

8.3.1.4 菇房应保持良好的通风,子实体发病或菌袋有虫害发生时，及时清除病菇并清理菌袋。

8.3.2 物理防治

8.3.2.1 接种室、发菌室及菇房应定时刷洗，保持室内环境洁净。

8.3.2.2 发菌室及菇房悬挂杀虫色板、诱虫灯。

8.3.2.3 定期进行产区环境检测，定期更换通风系统的过滤网或滤芯。

8.3.3 化学防治

8.3.3.1 接种室、发菌室及菇房在使用之前应进行消毒处理，所用消毒剂及其使用方法参见附录 B。

8.3.3.2 病虫害发生严重时，使用已登记可在食用菌上使用的低毒低残留的农药，药物的使用应符合 NY/T 393 的规定。

8.3.3.3 出菇期禁止使用任何化学药物。

9 生产废弃物处理

9.1 废弃生产物料的处理：生产过程中产生的破损包装材料、废弃周转筐及菌棒脱袋处理后的塑料袋，应集中回收处理，不可随意丢弃造成环境污染。脱瓶处理后的塑料瓶须回收利用。

9.2 菌渣的无害化处理：杏鲍菇采收后的大量菌渣废弃物，应资源化循环利用，可用作其他食用菌或农作物的栽培基质、肥料，还可用作燃料等。

10 储存和运输

杏鲍菇以鲜销为主，分级包装好的杏鲍菇应在低温（1～5℃）条件下贮存。长距离运输或夏季高温时应使用冷藏车运输，以保持产品的良好品质。

11 生产记录档案

建立绿色食品杏鲍菇生产档案，明确记录环境清洁卫生条件、各类生产投入品的采购及使用、生产管理过程、病虫害防治、包装运输等各个环节。生产记录档案应保留3年以上，做到农产品生产可追溯。

附录 A
（资料性附录）

表 A.1 绿色食品杏鲍菇菌种生产培养基配方

配方类型	组成
母种培养基配方	马铃薯 200 克，葡萄糖 30 克，蛋白胨 5 克，KH_2PO_4 3 克，琼脂 20 克，纯净水 1 000 毫升

（续表）

配方类型	组成
栽培种培养基配方	木屑40%，玉米芯40%，麦麸18%，石膏1%，石灰1%
枝条种培养基配方	杨树枝条（清水浸泡24小时以上）70%，麦粒20%，木屑10%
液体摇瓶培养基配方	马铃薯200克，葡萄糖30克，蛋白胨5克，KH_2PO_4 3克，$MgSO_4 \cdot 7H_2O$ 1.5克，纯净水1 000毫升
液体深层发酵培养基配方	马铃薯200克，葡萄糖20克，黄豆粉30克（煮15分钟后过滤），KH_2PO_4 1克，$MgSO_4 \cdot 7H_2O$ 0.5克，酵母膏1克，维生素B_1 10毫克，消泡剂0.3克，纯净水1 000毫升

表 A.2　绿色食品杏鲍菇生产栽培基质推荐配方

配方	组成
配方1	杂木屑21.0%，甘蔗渣21.0%，玉米芯21.9%，麦麸18.4%，玉米粉6.8%，豆粕粉8.4%，石灰1.5%，石膏1.0%。含水量65%～68%，pH值7.5～8.0
配方2	玉米秸36.5%，豆秸20.0%，木屑13.0%，麦麸18.0%，豆粕粉5.0%，玉米粉5.0%，石灰1.5%，石膏1.0%。含水量65%～68%，pH值7.5～8.0
配方3	杂木屑65.0%，麦麸20.5%，玉米粉6.0%，豆粕粉6.0%，石灰1.5%，石膏1.0%。含水量65%～68%，pH值7.5～8.0

附录 B

（资料性附录）

表 B.1　接种、培养及出菇环境消毒常用药品

消毒剂	用途	浓度及使用方法
酒精	手及器皿表面消毒	70% ~ 75% 涂擦
高锰酸钾	器具表面消毒	0.1% ~ 0.2% 水溶液浸泡、喷雾
二氧化氯消毒剂（必洁仕）	器械表面消毒、空间消毒	1% ~ 7% 水溶液消毒、喷雾
石灰水	接种室、发菌室、菇房	3% ~ 5% 水溶液喷洒

（四）基地图与栽培车间分布图绘制范例

生产基地位置图绘制范例如图4-11所示；生产基地地块分布图绘制范例如图4-12所示；栽培车间分布图如图4-13所示。申请人应根据本基地实际情况绘制地图。

图 4-11　生产基地位置图

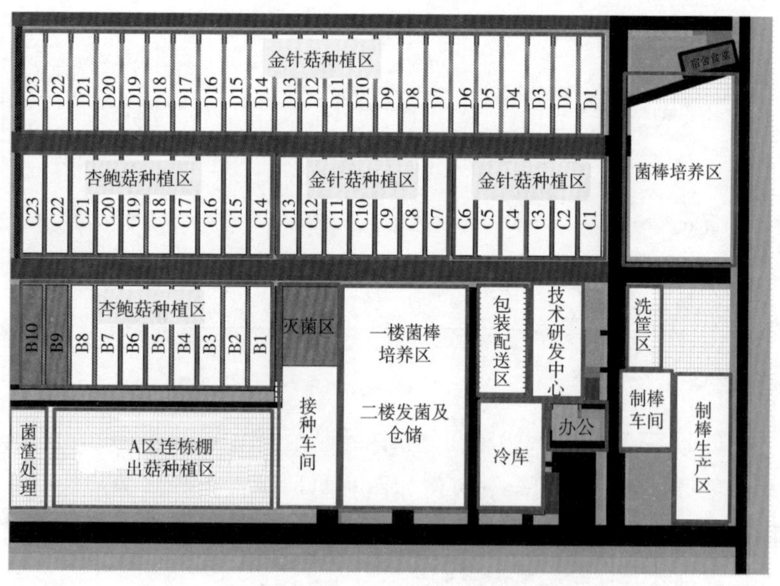

图 4-12　地块分布图

图 4-13 栽培车间分布图

（五）合同协议类文件签署范例

本范例中，上海××食用菌专业合作社与村民委员会签订了土地经营权流转合同，同时，农户与村民委员会签订了授权委托书，授权委托书以农户杨××为例。

上海市农村土地经营权流转合同

甲方（农村土地经营权出让方）：上海市××区××镇××村民委员会

乙方（农村土地经营权受让方）：上海××食用菌专业合作社

根据《中华人民共和国合同法》《中华人民共和国农村土地承包法》和国家环境保护的有关规定，本着平等、自愿的原则，甲乙双方就农村土地经营权流转事宜协商一致，订立本合同。

一、土地基本情况

1. 土地位置：该土地位于上海市××区××镇××村××组。

2. 流转面积 100 亩；其中：农户承包地 75 亩，农户自留地 23 亩，集体其他耕地 2 亩。

3. 流转承包地情况：

序号	地块名称（地块编号）	面积（亩）	四至				土地承包经营权证或承包合同编号
			东	南	西	北	
1	××村××组（15-1）	57					
2	××村××组（15-2）	14					
3	××村××组（15-3）	29					
合计		100					

二、流转期限

土地经营权流转期限为 10 年，自 2020 年 6 月 1 日起至 2030 年 5 月 30 日止。

三、土地的用途

该土地以 出租 方式流转给乙方经营，具体项目为：食用菌栽培。流转期限内，乙方不得擅自改变流转土地的用途。

四、土地交付时间

甲方应于 2020 年 6 月 1 日前将流转土地交付乙方。

五、流转价款

按××镇人民政府（或其授权单位）发布的当年度土地流转指导价确定（付款期限届满前当年度指导价尚未发布的，暂按上年度指导价计算，并在后续租金支付时进行调整，多退少补）。流转单价为每年每亩 1 000.00 元，年合计 100 000.00 元。

六、支付方式

双方同意按以下方式支付流转价款：分期支付：乙方应于 2020 年 12 月 31 日前向甲方支付第一年度流转价款，以后每年 12 月 31 日前付清下一年度流转价款。

七、风险保障金

乙方应于本合同签订之日起 30 日内向甲方支付 0.00 元作为农村土地流转风险保障金。

八、双方权利和义务

1. 甲方有权获得流转收益，有权按照合同约定的期限到期收回流转的土地。

2. 甲方有权要求乙方按约履行合同义务，有权监督乙方合理利用土地，制止乙方破坏土地、其他农业资源和环境的行为。

3. 甲方保证其流转的土地经营权合法、真实、有效。

4. 在合同约定的期限内，甲方不得干涉乙方依法进行正常的生产经营活动。

5. 乙方有权自主开展农业生产经营并取得相关收益。

6. 经甲方同意，乙方可以依法投资改良土壤，建设农业生产附属、配套设备，并取得相关生产经营收益。

7. 乙方不得损害农田基础设施，不得从事掠夺性经营，不得损害土地、其他农业资源和环境。

8. 未经甲方同意，乙方不得将土地再流转。

9. 流转土地被依法征收、征用、占用时，双方有权依法获得相应的补偿。征收、征用、占用时有关补偿费归属 归甲方所有。

九、违约责任

1. 甲方逾期交付土地的，每逾期一天，应向乙方支付 0.00 元违约金。

2. 乙方逾期支付流转价款的，每逾期一天，应向甲方支付 0.00 元违约金。

3. 乙方有下列情形之一的，甲方有权解除合同；给甲方造成损失的，乙方应予以赔偿。

（1）擅自改变土地的农业用途的。

（2）弃耕抛荒连续两年以上的。

（3）给土地造成严重损害或者严重破坏土地生态环境的。

（4）有其他严重违约行为的。

对于（1）项情形，甲方还有权要求乙方恢复土地原状，乙方所交风险保障金不予退还。

4. 甲方非法干预乙方正常生产经营活动的，乙方有权解除合同；给乙方造成损失的，甲方应予以赔偿。

十、争议解决方式

双方发生争议的，可以自行和解，也可以请求村民委员会、乡（镇）人民政府等调解解决。双方和解、调解不成或者不愿和解、调解的，可以向 ×× 区农村土地承包仲裁委员会申请仲裁，也可以直接向人民法院提起诉讼。

十一、附则

1. 本合同未尽事项，双方可以另行签订补充协议。补充协议与本合同具有同等法律效力。

2. 本合同自甲乙双方签字或盖章之日起生效。

3. 甲乙双方可以自愿向乡镇农村土地流转管理部门办理合同鉴证。

4. 本合同一式四份，双方各执一份，发包方和乡（镇、街道）农村土地承包管理部门各备案一份。

甲方（签章）：××市××区××镇××村民委员会
本人/代理人（签字）：沈××
身份证号（组织机构代码）：××××××××××××××××××
联系方式：×××××××××××
签约日期：2020年5月27日

乙方（签章）：上海××食用菌专业合作社
本人/代理人（签字）：陈××
身份证号（组织机构代码）：××××××××××××××××××
联系方式：×××××××××××
签约日期：2020年5月27日

土地流转授权委托书

本人是××村15-1组户主杨××，现自愿委托上海市××区××镇××村民委员会以转包或出租等方式依法流转土地承包经营权，对土地流转委托事项作如下约定。

一、委托流转土地面积和地块：本户承包确权面积为 2.22 亩，本次委托流转地块共计 3 块，合计委托土地流转面积为 2.57 亩，其中承包确权面积 2.22 亩、自留地面积 0.35 亩、其他土地面积 0 亩。

二、委托流转期限：自 2015 年 12 月 30 日起至 2035 年 12 月 30 日止。

三、委托流转价格及支付时间：土地流转价格不低于当年度区农委流转指导价。村委会于每年年底前付清当年度土地流转费。

四、本土地流转授权委托书签章生效后，原签订的委托书同时终止。

五、本委托书一式三份，委托方、受托方各执一份，镇（街道）土地流转服务中心执二份（一份备查，一份留档）。

委托方（签章）：杨××

委托时间：2015年10月13日

受托方（签章）：上海市××区××镇××村民委员会

受托时间：2015年10月13日

（六）资质证明文件范例

绿色食品内部检查员证书范例见图4-14；国家农产品质量安全追溯平台生产经营主体注册信息表见图4-15。

图4-14　绿色食品企业内部检查员证书

国家追溯平台生产经营主体注册信息表

2023-05-02 16:12

<table>
<tr><td rowspan="9">主体
信息</td><td>主体名称</td><td colspan="2">上海××食用菌专业合作社</td><td rowspan="5">电子身份标识</td></tr>
<tr><td>主体身份码</td><td colspan="2">296510×××××××××</td></tr>
<tr><td>组织形式</td><td colspan="2">合作社</td></tr>
<tr><td>主体类型</td><td colspan="2">生产经营主体</td></tr>
<tr><td>主体属性</td><td colspan="2">一般主体</td></tr>
<tr><td>所属行业</td><td>种植业</td><td>企业注册号</td><td>××××××××××××××</td></tr>
<tr><td>证件类型</td><td>三证合一营业执照（无独立组织机构代码证）</td><td>组织机构代码</td><td>无</td></tr>
<tr><td>营业期限</td><td colspan="3">长期</td></tr>
<tr><td>详细地址</td><td colspan="3">上海市××区××镇××村××公路××号</td></tr>
<tr><td rowspan="4">定表及
系息
法代人
联信</td><td>法定代表人姓名</td><td>陈××</td><td>法定代表人证件类型</td><td>大陆身份证</td></tr>
<tr><td>法定代表人证件号码</td><td>××××××××</td><td>法定代表人联系电话</td><td>139××××××××</td></tr>
<tr><td>联系人姓名</td><td>魏然</td><td>联系人电话</td><td>186××××××××</td></tr>
<tr><td>联系人邮箱</td><td colspan="3">30××××××@126.com</td></tr>
<tr><td>两品一标认证信息</td><td colspan="4"></td></tr>
<tr><td>证照信息</td><td colspan="4"></td></tr>
<tr><td>法人身份证件信息</td><td colspan="4"></td></tr>
</table>

图 4-15　国家农产品质量安全追溯平台生产经营主体注册信息表页面

绿色认证信息	企业名称	上海 ×× 食用菌专业合作社		
	认证类型	绿色认证	产品编号	LB-21-20070905352A
	产品名称	金针菇		
	批准产量	15 000	统一社会信用代码	××××××××××
	生产商			
	颁证机构			
	有效开始日期	2020-09-21	有效截止日期	2023-09-20
	颁证日期	2020-09-21	法定代表人姓名	陈 ××
	法定代表人手机	139 ××××××××	联系人	魏 ××
	联系人手机	186 ××××××××	企业邮箱	
	企业传真		企业信息码	GF ××××××××××
	联系地址	海市 ×× 区 ×× 镇 ×× 村 ×× 公路 ×× 号		
	省绿办	上海市绿色食品发展中心		
	业务主键			
	企业名称	上海 ×× 食用菌专业合作社		
	认证类型	绿色认证	产品编号	LB-21-20070905353A
	产品名称	杏鲍菇		
	批准产量	5 000	统一社会信用代码	××××××××××
	生产商			
	颁证机构			
	有效开始日期	2020-09-21	有效截止日期	2023-09-20
	颁证日期	2020-09-21	法定代表人姓名	陈其珍
	法定代表人手机	139 ××××××××	联系人	魏然
	联系人手机	186 ××××××××	企业邮箱	
	企业传真		企业信息码	GF ××××××××××
	联系地址	海市 ×× 区 ×× 镇 ×× 村 ×× 公路 ×× 号		
	省绿办	上海市绿色食品发展中心		
	业务主键			

图 4-15（续）

（七）采购证明文件范例

生产资料采购合同范例如下。采购相关单据范例如图4-16所示。

木屑购销合同

甲方：上海××食用菌专业合作社

乙方：上海××有限公司

根据《中华人民共和国合同法》及相关法律规定，甲乙双方经友好协商一致，同意按下列条款签订本合同。

一、供货标的：陈积松木屑、杂木屑。乙方按照甲方的质量标准及生产需求计划供应木屑，运送至甲方指定木屑堆放场地，木屑到达后经甲方验收确认后卸货。

二、货物价格：230 元/米^3（含到达甲方指定堆料场地的运输费及税费）。

三、付款方式：货到付款。

四、质量标准及交货条款要求：

1. 木屑树种必须为硬杂木，木屑鲜活、洁净、无霉变、无虫蛀、无异味、无石子、金属及木屑桩头等杂物。

2. 木屑大小规格：6～8毫米。6毫米以下颗粒比例小于15%，8毫米以上颗粒比例小于10%。

3. 木屑计价方式：按体积计价。测量货车内木屑长宽高，计算出体积。

五、甲方的权利与义务：

1. 监督乙方按时按质供货。

2. 有权随时抽查乙方原料加工厂，监督加工厂生产情况（如原料树种、加工厂区卫生状况、木屑质量等），并有权拒收乙方不合格货物。

3. 如乙方以次充好或掺杂有害树种木屑，甲方有权取消乙方的供货资格。

4. 依合同约定按时付清货款。

六、乙方的权利与义务：

1. 恪守合同约定，保质保量供货。

2. 保证原材料正宗，无掺杂使假现象，如因此给甲方造成的损失由乙方承担并负责赔偿。

3. 要求甲方依照合同约定按时结算货款，否则乙方有权停止供货。

七、合同期限：合同期限为 2022年4月5日 至 2025年4月5日 。

八、纠纷解决方式：

1. 合同一式两份，甲乙双方代表签字盖章后生效，双方各执一份，均具有同等的法律效力。

2. 一切由本合同引起的或与本合同有关的争执，甲乙双方均应通过友好协商解决，如协商后不能解决时，可提请仲裁机构调解。

甲方：上海××食用菌专业合作社　　乙方：上海××有限公司

法定代表人/代理人：陈××　　法定代表人/代理人：李××

签字日期：2022年4月1日　　签字日期：2022年4月1日

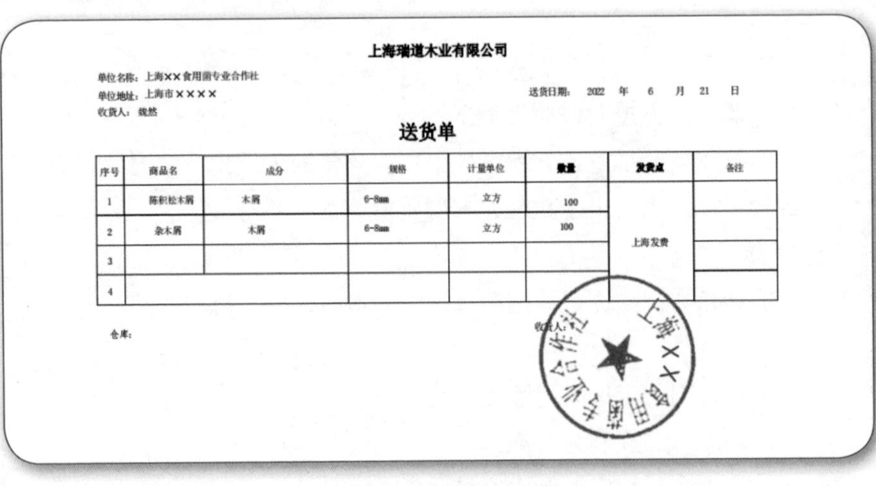

上海瑞道木业有限公司

单位名称：上海××食用菌专业合作社

单位地址：上海市××××

收货人：魏然

送货日期： 2022 年 6 月 21 日

送货单

序号	商品名	成分	规格	计量单位	数量	发货点	备注
1	陈积桧木屑	木屑	6-8mm	立方	100	上海发费	
2	杂木屑	木屑	6-8mm	立方	100		
3							
4							

仓库：

收货人：

图 4-16　木屑购买凭据

（八）预包装标签设计与绿色食品标志使用

绿色食品菌菇预包装标签设计与绿色食品标志使用范例见图4-17和图4-18。

图 4-17　金针菇包装设计样稿

图 4-18　杏鲍菇包装设计样稿

第五章 绿色食品申报常见问题

一、关于绿色食品申报流程的常见问题

1. 申请使用绿色食品标志，需要经过哪些环节？

申请使用绿色食品标志一般要经过8个基本环节：提出申请—省级工作机构受理审查—检查员现场检查—产地环境监测和产品检测—省级工作机构初审—中国绿色食品发展中心综合审查—专家评审—中国绿色食品发展中心发送颁证意见。

2. 初次申请使用绿色食品标志，需要提前做哪些准备？

申请使用绿色食品标志的申请人确定申报之前有3点必须提前准备和注意：一是提前派企业人员参加绿色食品培训，并获得绿色食品内检员注册资格（内检员注册网址http://px.greenfood.org），确保企业有个“明白人”负责绿色食品申报和生产管理工作。二是申请要在产品收获前3个月提出，确保现场检查、产地环境监测和产品检测可以在生长季节进行。三是要提前在国家农产品质量安全追溯管理信息平台（http://www.qsst.moa.gov.cn）上完成生产经营主体注册。

3. 在《绿色食品标志使用申请书》中，申请分为 3 种类型，应该怎样选择？

绿色食品申请分为3种类型，即初次申请、续展申请和增报申请。初次申请是指符合绿色食品标志使用申报条件的申请人首次向中国绿色食品发展中心提出使用绿色食品标志的申请；续展申请是指已获得绿色食品证书的申请人，证书有效期即将届满（3年有效期），需要继续使用绿色食品标志所提出的申请，注意应在证书有效期满3个月前向省级工作机构提出申请；增报申请是指申请人在已获证产品的基础上，申请在其他产品上使用绿色食品标志或增加已获证产品产量。增报申请可以在绿色食品标志使用期间提出，也可在续展申请时一并提出。

举例来说，一家食用菌生产企业的200吨双孢菇在2021年获得绿色食品标志使用许可，2023年该企业希望拓宽市场新增200吨木耳产品申请使用绿色食品标志，这时企业提出申请时有两种选择方式：一是选择将原获证产品提前续展，同新申报产品一并提出申请，在申请书中同时勾选续展申请和增报申请；二是选择将新申报产品单独提出，在申请书中同时勾选初次申请和增报申请。

二、关于绿色食品申报资质的常见问题

1. 某市食用菌产业协会要申请使用绿色食品标志，以便其所有会员企业都可以使用绿色食品标志，是否符合绿色食品申报资质条件?

不符合。

《绿色食品标志许可审查程序》第五条中规定，绿色食品申请人范围包括企业法人、农民专业合作社、个人独资企业、合伙企业、家庭农场等，国有农场、国有林场和兵团团场等生产单位。行业协会等社团组织不具备生产能力，不能作为申报主体。

《绿色食品标志许可审查程序》第十一条中规定，申请人应能够独立承担民事责任。应为国家市场监督管理部门登记注册并取得

营业执照的企业法人、农民专业合作社、个人独资企业、合伙企业、家庭农场等，国有农场、国有林场和兵团团场等生产单位。行业协会等社团组织不能独立承担民事责任，不能作为申报主体。

2. 某合作社有土壤栽培食用菌基地 30 亩，要申报绿色食品食用菌产品是否符合绿色食品申请人资质条件？

不符合。

《绿色食品标志许可审查工作规范》第十一条（三）中规定，绿色食品食用菌申请人应具有一定的生产规模，同时生产规模（指同一申请人申报同一类别产品，如粮油作物种植、食用菌栽培等的总体规模）应符合以下要求：土壤栽培食用菌产地规模达到50亩以上；基质栽培食用菌产地规模达到50万袋。该合作社土壤栽培食用菌规模不满足以上条件要求。

3. 某合作社栽培灵芝 100 亩，要申报绿色食品食用菌产品是否符合绿色食品申请人资质条件？

不符合。

《关于绿色食品产品标准执行问题的有关规定》要求，初次申报产品应对照《绿色食品产品适用标准目录》（以下简称《标准目录》）选择适用标准，如产品不在《标准目录》范围内，将不予受理。此外，根据《国家卫生健康委　国家市场监督管理总局关于对党参等9种物质开展按照传统既是食品又是中药材的物质管理试点工作的通知》（国卫食品函〔2019〕311号）有关规定，将对灵芝开展按照传统既是食品又是中药材的物质生产经营试点工作，故新版《标准目录》不再将灵芝列为可申报产品。

4. 一家食用菌生产企业 2022 年 6 月注册成立，2022 年 12 月提出绿色食品标志使用申请，是否符合申报资质条件？

不符合。

《绿色食品标志许可审查工作规范》第十一条（三）中规定，

申请人在提出申请时应至少稳定运行1年。该企业申报时成立仅6个月，不满足稳定运行1年的要求。

5. 绿色食品申请人涉及总公司、子公司和分公司的，申请时需要注意什么?

绿色食品申请人涉及总公司、子公司、分公司的有以下几种情况。

（1）总公司或子公司可独立作为申请人单独提出申请。

（2）总公司+分公司可作为绿色食品申请人，分公司不能独立作为绿色食品申请人。

（3）总公司可作为统一申请人，子公司或分公司作为其加工场所，与其签订委托加工合同，由总公司向所在地省级工作机构统一提出申请。

6. 绿色食品申请人涉及烘干过程，申请时需要注意什么?

食用菌等非直接食用的产品，如采用设备烘干工艺，申报主体一律要求具备食品生产许可；如未使用烘干或其他干制设备，无须提供食品生产许可，但须经检查员现场核实后由市县级及以上绿色食品工作机构提供相关证明。

7. 申请使用绿色食品标志的食用菌栽培合作社，将自己栽培的香菇委托其他企业加工为香菇酱，是否符合申报资质条件?

视具体情况。

《绿色食品标志许可审查规范》要求，实行委托加工的种植业申请人，应有固定的原料生产基地，且被委托方应获得相应产品或同类产品的绿色食品证书。

《绿色食品标志许可审查规范》第十三条中规定，实行委托加工的种植业、养殖业申请人，其被委托方应获得相应产品或同类产品的绿色食品证书（委托屠宰除外）。

8. 申请使用绿色食品标志的食用菌加工企业，以购买种植基地栽培的香菇为原料加工为香菇酱，是否符合申报资质条件?

视具体情况。

《绿色食品标志许可审查规范》第十三条中规定，实行委托种植的加工业申请人，应与生产基地所有人签订有效期3年（含）以上的绿色食品委托种植合同（协议）。

9. 无固定生产基地的经销商是否可以申报？

《绿色食品标志许可审查规范》第十三条中规定，绿色食品申请人要求有稳定的生产基地，有绿色食品生产的环境条件和生产技术，具有完善的质量管理体系并至少稳定运行1年等要求，因此，无固定生产基地的经销商不可以申报。

三、关于绿色食品生产要求的常见问题

1. 绿色食品食用菌栽培在菌种选用上有什么要求?

绿色食品食用菌自制菌种应明确培养基成分、来源，培养和保存方法应满足菌种要求；外购菌种选用优质高产、抗病抗逆性强、适应性广、商品性好的品种，菌种应从具资质的单位购买，菌种来源可追溯。

2. 绿色食品食用菌生产中，对栽培基质有什么要求？

基质成分组成应符合所申报绿色食品食用菌产品的生产实际，不得含有转基因成分。基质质量应符合《绿色食品　产地环境质量》（NY/T 391）和《绿色食品　产地环境调查、监测与评价规范》（NY/T 1054）中食用菌栽培基质质量要求。

3. 绿色食品食用菌生产中，对污染控制管理有什么要求?

绿色食品食用菌生产中，应对基质、发菌室、菇房，以及接种过程等采取必要的消毒措施。可使用紫外线消毒、高温灭菌、药剂

消毒等方式，若使用药剂消毒，所选药剂应符合《绿色食品　农药使用准则》（NY/T 393）要求，药剂用量和使用方法等按照产品标签或《农药合理使用准则》等规定使用，并严格遵守安全间隔期。对污染菌袋、废弃菌袋等应采用无害化处理方式进行处理。

4. 绿色食品食用菌栽培过程中施用肥料有什么要求？

绿色食品生产中使用肥料要求按照《绿色食品　肥料使用准则》（NY/T 394）标准执行，遵循4条基本原则：一是持续发展原则；二是安全优质原则；三是化肥减控原则；四是有机为主原则。核心是要通过增加施用有机肥，减少化学肥料的使用，保护生态环境，促进土壤肥力和生物活性提高。需要特别注意的是避免使用存在以下几种情况的肥料：一是添加有稀土元素的肥料；二是成分不明确的、含有安全隐患成分的肥料；三是未经发酵腐熟的人畜粪尿；四是生活垃圾、污泥和含有害物质（如毒气、病原微生物、重金属等）的工业垃圾；五是国家法律法规规定不得使用的肥料。

5. 绿色食品食用菌栽培管理过程中对农药选用有什么要求？

绿色食品食用菌栽培管理中强调有害生物综合防治，以保持和优化农业生态系统为基础，优先采用农业措施，尽量利用物理和生物措施，必要时合理使用低风险农药。所选用的农药应符合相关的法律法规，并获得国家农药登记许可；应选择对主要防治对象有效的低风险农药品种，提倡兼治和不同作用机制农药交替使用；农药剂型宜选用悬浮剂、微囊悬浮剂、水剂、水乳剂、微乳剂、颗粒剂、水分散粒剂和可溶性粒剂等环境友好型剂型；优先从《绿色食品　农药使用准则》（NY/T 393）附录A的表A.1中选用农药，在表A.1所列农药不能满足有害生物防治需要时，还可适量使用附录A中第A.2部分所列的农药。施药量和施药方法等依照农药产品标签或《农药合理使用准则》等规定，并严格遵守安全间隔期。

6. 绿色食品食用菌采后预处理和初加工过程有什么要求?

绿色食品食用菌采后预处理和初加工过程的工艺应符合产品生产实际。收获后清洁、挑选、干燥、保鲜等预处理过程如涉及药剂使用，应符合《绿色食品　农药使用准则》（NY/T 393）要求；如初加工过程中使用食品添加剂的，应符合《绿色食品　食品添加剂使用准则》（NYT 392）和《食品安全国家标准　食品添加剂使用标准》（GB 2760）等标准要求，不应使用漂白剂、增白剂、荧光剂等不符合国家和绿色食品标准的物质。

7. 如果申请人生产的食用菌产品仅有部分申报绿色食品，在生产管理上需要注意什么?

如申请人只是将部分产品申报绿色食品，即存在平行生产情况，在生产管理上一定要有完善的平行生产管理措施。包括种植基地的区分管理、隔离措施、生产加工线的区分管理，要建立原料和成品储存的区分管理制度，保证绿色食品与非绿色食品的有效隔离。

四、关于绿色食品标志使用的常见问题

1. 绿色食品证书上包括哪些信息?

证书是绿色食品标志使用人合法有效使用绿色食品标志的凭证，绿色食品证书内容包括产品名称、商标名称、生产单位及其信息编码、核准产量、产品编号、标志使用许可期限、颁证机构、颁证日期等。

2. 如何设计产品包装标签和绿色食品标志?

包装标签标识内容应符合《食品安全国家标准　预包装食品标签通则》（GB 7718）等标准的要求，绿色食品标志设计应符合《中国绿色食品商标标志设计使用规范手册》要求，产品名称、商

标、生产商名称等应与绿色食品标志使用证书中一致。

3. 申请人在绿色食品证书有效期内，证书信息发生变化需要变更，如何操作？

在证书有效期内，标志使用人的产地环境、生产技术、质量管理制度等没有发生变化的情况下，单位名称、产品名称、商标名称等一项或多项发生变化的，标志使用人拆分、重组与兼并的，标志使用人应办理证书变更。证书变更需要提交以下材料：①证书变更申请书；②证书原件；③标志使用人单位名称变更的，须提交行政主管部门出具的“变更批复”复印件及变更后的营业执照复印件；④商标名称变更的，须提交变更后的商标注册证复印件；⑤如获证产品为预包装食品，须提交变更后的预包装食品标签设计样张；⑥标志使用人拆分、重组与兼并的，须提供拆分、重组与兼并的相关文件，省级工作机构现场确认标志使用人作为主要管理方，且产地环境、生产技术、质量管理体系等未发生变化，并提供书面说明。

4. 某食用菌企业生产的木耳经检验，符合《绿色食品　食用菌》（NY/T749）要求，是否可以在其产品上使用绿色食品标志？

不可以。

根据《绿色食品标志管理办法》第二十一条规定，未经中国绿色食品发展中心许可，任何单位和个人不得使用绿色食品标志。

5. 未按期续展的企业是否可以继续使用绿色食品标志？

不可以。

绿色食品标志证书有效期为3年，续展申请人应在绿色食品证书到期前3个月向绿色食品工作机构提出续展申请。证书到期后未续展的原绿色食品企业不能继续使用绿色食品标志。

6. 申请人涉及总公司、分公司和子公司的，在使用绿色食品标志时需要注意哪些问题？

一般有两种情形：①以总公司名义统一申报绿色食品，子公司或分公司作为总公司的受委托方，总公司获证后如使用统一的包装，可在包装上统一使用总公司的绿色食品企业信息码，同时标注总公司和子公司或分公司的名称，向消费者和监管部门明示不同的生产商；②总公司与子公司分别申报绿色食品并领取证书，如使用统一的包装，在绿色食品标志图形、文字下方可不标注绿色食品企业信息码，而在包装上的其他位置同时标注总公司和子公司的具体名称及其绿色食品企业信息码，区分不同的生产商。

7. 获得绿色食品标志使用许可的申请人是否可以将绿色食品标志授权给其他企业生产的未经许可产品?

不可以。

根据《绿色食品标志管理办法》第二十一条规定，禁止将绿色食品标志用于非许可产品及其经营性活动。按照绿色食品标志使用合同总则，中国绿色食品发展中心是绿色食品标志的唯一所有人和许可人。

参考文献

鲍大鹏，2023. 食用菌生产经营 [M]. 北京：中国农业出版社，2023.

边银丙，2017. 食用菌栽培学 [M] . 3 版 . 北京：高等教育出版社 .

戴玉成，周丽伟，杨祝良，等，2010. 中国食用菌名录 [J]. 菌物学报，29（1）：1–21.

黄毅，2014. 食用菌工厂化栽培实践 [M]. 福州：福建科学技术出版社 .

李玉，2018. 中国食用菌产业发展现状、机遇和挑战——走中国特色菇业发展之路，实现食用菌产业强国之梦 [J]. 菌物研究，16（3）：125–131.

宋金俤，曲绍轩，马林，2013. 食用菌病虫识别与防治原色图谱 [M]. 北京：中国农业出版社 .

张金霞，陈强，黄晨阳，等，2015. 食用菌产业发展历史、现状与趋势 [J]. 菌物学报，34（4）：524–540.

中国绿色食品发展中心，2019. 绿色食品申报指南（蔬菜卷）[M]. 北京：中国农业科学技术出版社 .

中国绿色食品发展中心，2022. 绿色食品现场检查指南 [M]. 北京：中国农业科学技术出版社 .

中国绿色食品发展中心，2014. 绿色食品标志许可审查程序 [EB/OL]. [2014-05-28]. http://www. greenfood. agri. cn/ywzn/lssp/shpj/202306/

t20230609_7993848. htm.

中国绿色食品发展中心，2022. 绿色食品标志许可审查工作规范 [EB/OL]. [2022-02-23]. http://www. greenfood. agri. cn/tzgg/202306/t20230612_7995091. htm.

中国绿色食品发展中心，2022. 绿色食品标志许可审查指南 [M]. 北京：中国农业科学技术出版社 .

中国绿色食品发展中心，2022. 绿色食品现场检查工作规范 [EB/OL]. [2022-02-23]. http://www. greenfood. agri. cn/tzgg/202306/t20230612_7995091. htm.

中华人民共和国农业农村部，2020. NY/T 393—2020 绿色食品 农药使用准则 [S]. 北京：中国农业出版社 .

中华人民共和国农业农村部，2021. NY/T 391—2021 绿色食品 产地环境质量 [S]. 北京：中国农业出版社 .